机械设计实验

JIXIE SHEJI SHIYAN

王玉丹　王　聪
程一伟　文国军　编

图书在版编目(CIP)数据

机械设计实验/王玉丹等编. —武汉:中国地质大学出版社,2025.3. —(中国地质大学(武汉)实验教学系列教材) —ISBN 978-7-5625-6151-4

Ⅰ.TH122-33

中国国家版本馆CIP数据核字第202577AV79号

机械设计实验	王玉丹　王　聪　编 程一伟　文国军
责任编辑:周　旭	责任校对:徐蕾蕾

出版发行:中国地质大学出版社(武汉市洪山区鲁磨路388号)	邮编:430074
电　　话:(027)67883511　　传　　真:(027)67883580	E-mail:cbb@cug.edu.cn
经　　销:全国新华书店	http://cugp.cug.edu.cn
开本:787毫米×1092毫米　1/16	字数:160千字　印张:6.25
版次:2025年3月第1版	印次:2025年3月第1次印刷
印刷:湖北睿智印务有限公司	
ISBN 978-7-5625-6151-4	定价:38.00元

如有印装质量问题请与印刷厂联系调换

前　言

"机械设计"是一门工程实践性很强的课程，其实践教学是培养学生设计能力的主要环节和重要途径。相应的实验教学环节不仅能帮助学生巩固所学知识、深入理解机械设计的基本原理、掌握机械设计的基本技能，而且还能培养学生分析问题、解决问题的能力。

本书依据全国高校机械设计实验课程教学大纲的要求进行编写，涵盖了认知性、验证性和综合性等多个机械设计实验项目。本书不仅囊括了大纲所规定的常规实验项目，还包含了结合我校特色机械装备开发的虚拟钻机实验项目，旨在为学生提供全面且系统的机械设计实验学习体验。

参加本书编写的有王玉丹、王聪、程一伟、文国军等老师。王玉丹编写了第一章、第三章的第四节、第四章的第二节；王聪编写了第三章的第一、二、三节；程一伟编写了第二章、第四章的第一节。王玉丹规划了全书章节内容并统稿，文国军对第四章第二节项目的开发提供了技术指导。

本书可作为机械类及近机械类专业机械设计课程的实验教材。希望通过本书的编写和使用，能够帮助学生更好地理解和掌握机械设计的知识与技能，为其未来发展奠定坚实的基础。同时，也期待广大师生在使用过程中提出宝贵的意见和建议，以便编者不断完善和改进。

编　者

2024 年 12 月

目 录

第一章 总 论 …………………………………………………………………… (1)

第二章 认知性实验 …………………………………………………………… (6)

    第一节 常用机械零件认知实验 …………………………………………… (6)

    第二节 机械零件失效形式认知实验 ……………………………………… (29)

第三章 验证性实验 …………………………………………………………… (33)

    第一节 螺栓组连接实验 …………………………………………………… (33)

    第二节 液体动压滑动轴承实验 …………………………………………… (41)

    第三节 减速器拆装实验 …………………………………………………… (51)

    第四节 XY-2 钻机虚拟仿真实验 ………………………………………… (56)

第四章 综合性实验 …………………………………………………………… (65)

    第一节 轴系结构设计实验 ………………………………………………… (65)

    第二节 机械传动系统搭接及性能测试综合实验 ………………………… (84)

主要参考文献 …………………………………………………………………… (93)

目 録

第一章 总 论

"机械设计"是高等工科院校机械类专业的一门必修专业基础课,其实验课是该课程的重要教学环节。机械设计实验课通过认知性、验证性实验,使学生进一步加深理解课堂教学的内容;通过综合性、设计性实验,培养学生理论联系实际的能力以及机械结构设计的创新意识和创新能力;通过设计实验、操作实验设备、分析与解释数据等实验教学环节,使学生掌握机械设计的实验原理和方法,同时培养学生独立动手能力和运用实验方法研究复杂机械工程问题的能力。

实验操作规程是确保实验安全、顺利进行以及获得准确结果的重要基础。

一、实验规程

实验操作规程涉及实验前准备、实验过程、实验后处理以及其他注意事项等多个方面。

1. 实验前准备

学习实验内容:实验前需充分预习实验指导书,理解实验原理、目的、步骤及注意事项。

检查仪器设备:检查实验所需工具是否齐全,检验实验所需仪器设备是否完好无损,如有损坏或故障应及时报告并维修。

安全防护:穿戴合适的防护用具,如实验服、安全眼镜、防护手套等,并了解实验过程中可能遇到的安全隐患及应对措施。

环境准备:保持实验室整洁,确保实验区域无杂物,采光及通风良好。

2. 实验过程

规范操作:严格按照实验指导书或设备操作规程进行操作,不得随意更改实验步骤或设备设置参数。

仔细观察:在实验过程中,要细心观察实验现象,如实记录实验数据,确保数据的准确性和可靠性。

注意安全:注意实验过程中的安全事项,如避免高温、高压、易燃、易爆等危险操作,确保实验安全进行。

团队协作:对于需要多人协作的实验,应明确分工,相互配合,确保实验顺利进行。

异常处理:如遇到异常情况或设备故障,应立即停止实验,并及时向指导教师或相关管理人员报告。

3. 实验后处理

整理设备：实验结束后，应及时整理实验设备，关闭电源、水源等，确保设备处于安全状态。

清理环境：清理实验区域，将废弃物分类处理，保持实验室整洁。

数据分析：根据实验数据进行分析处理，撰写实验报告，总结实验经验和教训。

4. 其他注意事项

遵守规章制度：严格遵守学校、学院及实验室的各项规章制度，确保实验活动的有序进行。

爱护仪器设备：在实验过程中要爱护仪器设备，避免人为损坏或丢失。

培养良好学风：树立良好的学风，保持实验室的肃静、整洁，严禁大声喧哗、随意走动等不文明行为。

遵守上述实验规程不仅能确保实验安全、顺利地进行，而且能为获得准确可靠的实验结果提供基础。同时，实验操作人员应不断学习，提高自己的实验技能和安全意识，以更好地适应机械设计课程实践教学的需要。

二、实验报告撰写规范

实验报告是记录和反映实验过程及结果的关键文档，为分析和总结实验成果提供基础。一份高质量的实验报告不仅需要清楚地描述实验的步骤和结果，还应该揭示实验背后的规律。

（一）实验报告的内容

实验报告通常包含以下 5 个基本要素。

1. 实验名称

实验名称应简洁明了，准确反映实验的核心内容。

2. 实验目的

实验目的应准确无误，涵盖理论和实践两个层面。理论上，旨在验证科学原理，深化对实验的理解；实践上，旨在培养操作仪器的技能，掌握实验的原理、方法和设计思路。

3. 实验方案

实验方案应详细阐述实验原理、方法选择、主要仪器以及实验步骤。对于验证性实验，方案可相对简化。对于综合性或研究性实验，方案设计则是报告的重点，应多角度考虑并优化，必要时可绘制原理图和步骤说明，以减少文字描述，使报告更加清晰和简洁。

4. 实验记录

　　这一部分应详尽记录实验过程中观察到的现象和收集的数据，为后续的分析提供翔实的依据。记录是科学观察和实验中极其重要的环节，观察到的现象和试验中获得的数据必须及时、规范地记录在笔记本上，不允许凭记忆记录或随意写在草稿上。通过正确操作实验仪器获得的数据和观察到的现象，都应以清晰易懂的形式完整记录下来，便于他人翻阅和长期保存。

　　1) 实验现象的观察

　　观察现象是人们获取科学实践事实的基本途径，也是科学发展的重要基石。要进行有效的观察，研究人员不仅需要对研究对象有深入的理解，还应培养正确的观察习惯以减少技术误差。在观察过程中，需注意以下几个关键点。

　　客观性：观察应保持客观，避免主观偏见。当观察结果与既有认识不符时，要有勇气放下旧认识，接受新发现。虽然根据理论或假设进行有目的的观察是必要的，但仅关注与目标一致的现象而忽略其他重要现象会导致主观性错误。科学观察中，要时刻警惕先入为主的偏见。

　　细致性：观察要细致入微，避免因忽略细节而被虚假现象所误导。

　　全面性：坚持全面观察，从不同角度和方面审视研究对象。这包括分析与研究对象相关的各种因素，并通过逻辑推理找出产生现象的根本原因。

　　系统性：观察应具有连续性、完整性和系统性，涵盖事物发展的全过程。不仅要关注研究对象本身，也要留意周围的条件和环境，并做好记录。

　　偶然性：在观察中，不应忽视那些看似偶然的现象。这些偶然现象背后可能隐藏着未被发现的必然规律。

　　理论与实践结合：观察应与理论相结合。观察者的理论知识和经验对其观察效果有重要影响。观察不仅仅是对事物表面现象的记录，更重要的是理解事物的本质和内在联系。

　　实验观察是一个积极主动的思维活动，包含了感官和思维两个因素，这两者可能自觉或不自觉地影响观察结果。尤其是在复杂情况下，精确的观察可能受到个人习惯和直觉的影响，导致无意识的错误。因此，培养良好的观察习惯至关重要。为了确保实验观察的准确性，应提前预习，避免因疏忽而遗漏重要现象。同时，严禁任何修改数据或伪造实验现象的行为。

　　2) 实验数据的记录

　　实验记录需遵循以下几个原则，以确保记录工作有效、准确。

　　选择合适的笔记本：使用大小适中、易于保存且装订牢固的笔记本，并对每页进行编号。避免使用容易散失或损坏的笔记本。

　　使用持久的记录工具：采用墨水笔或签字笔进行记录，以防字迹随时间推移褪色。

　　详尽的基础信息：在实验前，记录日期、时间、实验人员和记录人员姓名等基础信息。对于环境相关的实验项目，还需记录温度、湿度、日照、风力、风向等环境因素，以及使用的观测仪器和设备的型号、性能、校准状态等信息。

　　原始数据的准确记录：数据应以原始形态记录，不能是经过重新计算或变换的数据。对于多组数据，建议采用表格形式，以便于查阅和比较。

全面记录观测信息：应记录所有观测结果，包括那些看似失败或与研究无关的信息，因为它们可能藏有解决问题的线索或新发现。

可视化辅助：绘制定性草图，有助于直观地发现问题。

利用现代记录工具：在条件允许的情况下，使用拍照、录像、录音或计算机辅助实验工具，以提高记录的准确性和便捷性。

错误记录的修改：若发现记录错误，应用细线整齐地划去，并在旁边进行修改。如果在别人记录的基础上添加信息，应注明添加的日期、时间和添加人姓名，以保证记录的可追溯性和可靠性。

及时处理数据：在数据获取过程中，应尽早进行小结和初步数据分析，以便及时发现并纠正错误。实验结束后，应及时总结观测结果，防止记忆随时间流逝而变得模糊。

记录的归档和保管：记录完成后，应及时归档并妥善保管。笔记本的目录应清晰地标明各项内容的页码，并记录它们的存放位置，便于日后查找。

保持客观性：在记录过程中，应严格区分观测到的现象和个人的理解，不得将主观判断或直觉作为事实记录。记录者应忠实地反映实际观测情况，避免主观臆断。

遵循这些原则可以确保记录的准确性、完整性和可靠性，为科学实验和研究提供坚实的基础。

5. 实验结果、分析及结论

实验结果是实验报告的重要内容，通常是科学实验和生产实践中收集的大量数据或记录曲线。通过对实验结果进行处理，这些结果经常以图形、表格或数学公式等形式呈现，旨在定量地揭示实验中各物理量之间的关系，同时便于进一步地分析与应用。在展示图表时，应保持内容简洁明了，并在必要时对特定内容进行解释或注释。对冗余数据予以剔除，避免使实验报告变成一个简单的数据堆砌。

实验分析是对实验中的现象和结果进行深入分析和思考，是将实验方法和结果提升至理论层面的关键步骤。对于符合预期的结果，需要通过理论阐释和逻辑推理，揭示其背后的因果关系和规律；对于不符合预期的结果，则应深入分析其产生的原因，提出自己的见解或对现有理论进行探讨。

在实验过程中，由于受到实验条件、测量工具、方法及技术等因素的影响，测量值与真实值之间不可避免地存在误差。因此，对测量结果进行误差分析是必要的。对实验结果的分析不仅是一个充满创造性的过程，也是展现实验人员独立思考和工作能力的重要体现。

在实验分析的基础上，应对实验所涉及的概念、原理或理论进行简要总结，并形成实验结论。实验结论不应是实验结果的简单复制，而是对实验结果与理论讨论的高度概括。实验结论应以简明扼要的语言清晰地表达观点，措辞须科学准确。结论中对肯定或否定的内容应明确无误，不能含糊其词。结论应与实验目的相呼应，并与实验结果和分析区分开，分析是客观事实，可被重现，而结论则是对结果的主观分析与理解。对于尚未得到充分证实的理论分析，不宜纳入结论部分。

(二)实验报告撰写步骤

实验报告的撰写,一般应遵循以下步骤:

(1)草拟提纲。这是对实验报告进行整体构思的阶段。提纲应尽量详细,涵盖实验报告的框架和结构以及每一部分的内容安排,包括图表和数据的插入位置等,同时应避免内容的重复或遗漏。

(2)初稿撰写。撰写时应当做到材料翔实、层次清晰、逻辑严谨、语言准确、文字流畅。注意公式和图表中的单位和符号应使用统一规范的专业用语。撰写过程中,要反复推敲和认真修改,补充遗漏的重要情况和材料,纠正不实之处,并剔除那些可有可无的材料。

(3)征求意见。向参与实验的同事和未参与实验的第三方征求意见,以便进一步修改报告。这一步骤有助于发现可能遗漏的观点或问题,从而提升报告的质量和客观性。

(4)完成报告。在综合了所有反馈后,对报告进行最后的润色和校对,确保报告内容完整准确、逻辑清晰、语言流畅,最终形成一份高质量的实验报告。

遵循上述步骤可以确保实验报告的撰写既系统又高效,最终呈现出一份专业、详尽的实验成果记录。

(三)实验报告撰写要求

撰写实验报告,应遵循真实性、准确性和科学性的统一。在综合考虑个人的写作习惯和报告阅读对象等多种因素的基础上,自行确定实验报告的形式。实验报告应既具有逻辑性,又能清晰、准确地传达研究结果和发现。实验报告撰写时一般遵循以下要求:

(1) 文字简练,条理分明。实验报告应避免使用复杂和冗长的句子,以及烦琐的陈述。简洁的语言有助于清晰传达观点。当图表能够清晰地表达意图时,应优先使用图表。

(2) 采用第三人称表述。在撰写实验报告时,通常推荐使用第三人称,而非第一人称。

● 第三人称表述:根据前面的实验数据,等式(1-1)被推荐为最终的计算公式。

● 第一人称表述:根据前面的实验数据,我推荐等式(1-1)作为计算公式。

第三人称表述更加客观,更适合正式的实验报告。

(3) 表述明确,避免模糊。在报告中,应使用具体、明确的表述,增强报告的说服力。

● 明确的表述:实验数据分析显示,测试结果与理论值的平均偏差不到1%。

● 模糊的表述:实验数据与理论计算大致一致。

明确的表述提供了具体的信息,而模糊的表述则缺乏明确性和说服力。

(4) 准确使用专业术语和符号。正确使用统一规定的专业名词、术语、符号和公式是撰写科学报告的基本要求。这不仅有助于保持报告的专业性和准确性,也便于同行理解和交流。

第二章　认知性实验

第一节　常用机械零件认知实验

（一）实验目的

(1) 初步了解"机械设计"课程所研究的各种常用零件的结构、类型、特点及应用。
(2) 了解各种标准零件的结构形式及相关的国家标准。
(3) 了解各种传动的特点及应用。
(4) 了解各种常用的润滑剂及相关的国家标准。
(5) 增强对各种零部件的结构及机器的感性认识。

（二）实验内容

陈列柜展示了各种常用零部件的模型和实物。通过观察实物或模型，学生能够增强对零部件的感性认识，加深对常用零部件的结构、类型、特点的理解，并激发对课程理论学习和专业方向的兴趣。

（三）实验原理

1. 螺纹连接

螺纹连接是利用螺纹零件工作的，主要用作紧固零件，其基本要求是保证连接强度及连接可靠性。同学们应了解以下内容。

1）螺纹的种类

常用的螺纹主要有普通螺纹、米制锥螺纹、管螺纹、矩形螺纹、梯形螺纹和锯齿形螺纹（表2-1）。前3种主要用于连接，后3种主要用于传动。除矩形螺纹外，其他螺纹都已标准化。除管螺纹保留英制外，其余的都采用米制螺纹。

表 2-1 常用螺纹的类型、特点和应用

螺纹的类型		牙型图	特点和应用
连接螺纹	普通螺纹		牙型为等边三角形，牙型角 $a=60°$。内、外螺纹旋合后留有径向间隙。外螺纹牙根允许有较大的圆角，以减小应力集中。同一公称直径按螺距大小，分为粗牙和细牙。细牙螺纹的牙型与粗牙螺纹相似，但螺距小，升角小，自锁性较好，强度高，因牙细不耐磨，容易滑扣。一般连接多用粗牙螺纹，细牙螺纹常用于细小零件、薄壁管件或受冲击、振动和变载荷的连接中，也可作为微调机构的调整螺纹
传动螺纹	矩形螺纹		牙型为正方形，牙型角 $a=0°$。它的传动效率较其他螺纹高，但牙根强度弱，螺旋副磨损后，间隙难以修复和补偿，传动精度降低。为了便于铣、磨削加工，可制成 10°的牙型角。矩形螺纹尚未标准化，推荐尺寸：$d=\frac{5}{4}d_1$，$P=\frac{1}{4}d_1$。目前已逐渐被梯形螺纹所代替
	梯形螺纹		牙型为等腰梯形，牙型角 $a=30°$。内、外螺纹以锥面贴紧，不易松动。与矩形螺纹相比，传动效率略低，但工艺性好，牙根强度高，对中性好。如用剖分螺母，还可以调整间隙。梯形螺纹是最常用的传动螺纹
	锯齿形螺纹		牙型为不等腰梯形，工作面的牙侧角为 3°，非工作面的牙侧角为 30°。外螺纹牙根有较大的圆角，以减小应力集中。内、外螺纹旋合后，大径处无间隙，便于对中。这种螺纹兼有矩形螺纹传动效率高、梯形螺纹牙根强度高的特点，但只能用于单向受力的螺纹连接或螺旋传动中，如螺旋压力机

2) 螺纹连接的基本类型

常用的有螺钉连接、螺栓连接、双头螺柱连接(图 2-1)。除此之外，还有一些特殊结构连接。例如专门用于将机座或机架固定在地基上的地脚螺栓连接，装在大型零部件的顶盖或机器外壳上便于起吊用的吊环螺钉连接及应用在设备中的"T"形槽螺栓连接等。

3) 螺纹连接的防松

防松的目的是防止螺旋副在使用过程中发生相对转动。按工作原理，防松方法可分为摩擦防松、机械防松及破坏螺旋副运动关系防松等(表 2-2)。摩擦防松简单、方便，但没有机械防松可靠。对重要连接，特别是在机器内部的不易检查的连接，应采用机械防松。常见的摩擦防松方法有对顶螺母、弹簧垫圈及自锁螺母等；机械防松方法有开口销和六角开槽螺母、止动垫圈及串联钢丝等；破坏螺旋副运动关系防松方法有在螺纹间涂液体胶黏剂，拧紧螺母后，胶黏剂硬化、固着，防止螺旋副的相对运动，或利用冲头在螺栓末端与螺母的旋合处打冲，利用冲点防松。

机械设计实验

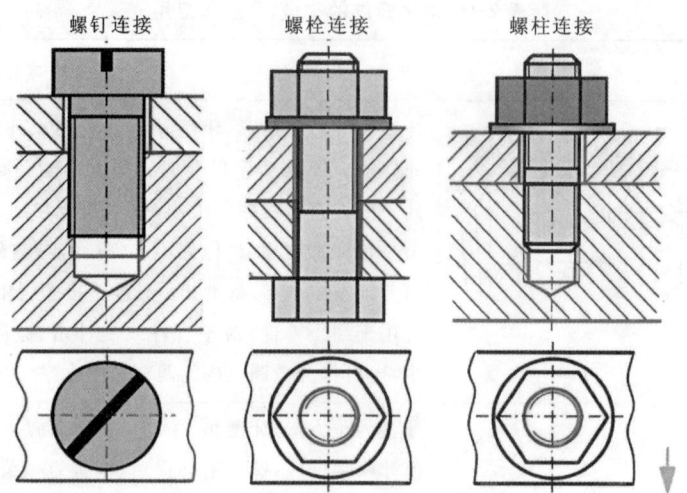

图 2-1 螺纹连接基本类型

表 2-2 螺纹连接常用的防松方法

防松方法		结构形式
摩擦防松	对顶螺母	
	弹簧垫圈	
	自锁螺母	

续表 2-2

防松方法		结构形式
机械防松	开口销和六角开槽螺母	
	止动垫圈	
	串联钢丝	
破坏螺旋副运动关系防松	冲点	
	涂胶黏剂	

4）提高螺纹连接强度的措施

（1）受轴向变载荷作用的紧螺栓连接，一般是因疲劳而破坏。减小螺栓的刚度可提高螺纹连接疲劳强度，为此可采用腰状螺栓与空心螺栓（图2-2、图2-3），或适当增加螺栓长度。

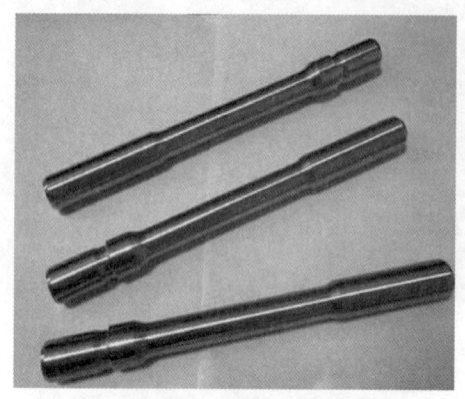

图2-2　腰状螺栓

图2-3　空心螺栓

（2）不论螺栓连接的结构如何，它所受的拉力都是通过螺栓和螺母的螺纹牙相接触来传递的。由于螺栓和螺母的刚度与变形的性质不同，各圈螺纹牙上的受力也不同。为了改善螺纹牙上载荷分布不均的情况，常用悬置螺母（图2-4）来减小螺纹旋合段本来受力较大的几圈螺纹牙的受力。

（3）为了提高螺纹连接强度，还应减小螺栓头和螺栓杆的过渡处所产生的应力集中，可采用较大的过渡圆角和卸载结构减小应力集中的程度。在设计、制造和装配上应

图2-4　悬置螺母

尽量避免螺纹连接产生附加弯曲应力，以防止螺栓强度降低。

（4）采用合理的制造工艺方法，可提高螺栓的疲劳强度。例如采用冷镦螺栓头部、滚压螺纹的工艺方法以及表面氮化、喷丸等处理工艺都是有效方法。

通过参观螺纹连接展柜，掌握上述内容，并能认识到以下几点：①什么是普通螺纹、管螺纹、梯形螺纹和锯齿螺纹；②什么是单线螺纹、双线螺纹、螺钉及紧定螺钉连接；③识别摩擦防松与机械防松所用的零件；④了解为何连接螺栓的光杆部分设计的相对较细。

2. 标准连接零件

标准连接零件一般是由专业企业按国家标准（GB）成批生产并供应市场的零件。这类零件的结构形式和尺寸都已标准化，设计时可根据有关标准选用。通过实验，学生可认识各种螺纹连接件；了解各种标准化零件的结构特点和使用情况；了解各类零件有哪些标准代号，以提高他们的标准化意识。这些零件的结构特点和应用见表2-3。

1)螺栓和螺柱

螺栓一般与螺母配合使用,在被连接的零件上加工光孔,无须加工螺纹孔,连接结构简单,装拆方便,种类较多,应用最广泛。螺栓和螺柱相关的国家标准有《六角头螺栓》(GB/T 5782—2016)、《六角头螺杆带孔螺栓》(GB/T 31.1—2013)、《方头螺栓 C级》(GB/T 8—2021)、《六角头加强杆螺栓》(GB/T 27—2013)、《T形槽用螺栓》(GB 37—88)、《地脚螺栓》(GB/T 799—2020)及《双头螺柱 $b_m=1d$》(GB 897—88)、《双头螺柱 $b_m=1.25d$》(GB 898—88)、《双头螺柱 $b_m=1.5d$》(GB 899—88)、《双头螺柱 $b_m=2d$》(GB 900—88)等。

2)螺钉

螺钉是利用物体的斜面圆形旋转和摩擦力来循环渐进地紧固器物工件的工具。它的结构与螺栓相似,但为了适应不同的装配要求,它的头部和端部形状较多,常用于结构紧凑场合。螺钉的主要类型有开槽圆柱头螺钉、开槽盘头螺钉、开槽沉头螺钉、十字槽盘头螺钉、十字槽沉头螺钉、十字槽半沉头螺钉、内六角圆柱头螺钉、开槽锥端紧定螺钉、开槽平端紧定螺钉、开槽凹端紧定螺钉、开槽长圆柱端紧定螺钉、滚花高头螺钉、各种内六角紧定螺钉、各类方头紧定螺钉、各类十字自攻螺钉、各类开槽自攻螺钉、各类十字头自攻锁紧螺钉、吊环螺钉等。

3)螺母

螺母形式很多,按形状可分为六角螺母、四方螺母及圆螺母;按连接用途可分为普通螺母、防松螺母及均载螺母等。其中,应用最广泛的是六角螺母及普通螺母。螺母的主要类型有六角螺母、六角薄螺母、六角薄型细牙螺母、六角开槽螺母、六角开槽细牙螺母、六角厚螺母、六角锁紧螺母、方螺母、滚花高螺母、盖形螺母、扣紧螺母、圆螺母及小圆螺母、蝶形螺母等。

4)垫圈

垫圈种类有平垫圈、弹簧垫圈及锁紧垫圈等,平垫圈主要用于保护被连接件的支承面,弹簧垫圈及锁紧垫圈主要用于摩擦和机械防松场合。垫圈的主要类型有平垫圈、工字钢用方斜垫圈、槽钢用方斜垫圈、内齿/外齿锁紧垫圈、弹簧垫圈、单耳/双耳止动垫圈、外舌止动垫圈、圆螺母止动垫圈等。

表 2-3 螺纹连接常用标准件

类型	图例
六角螺母	
圆螺母	

续表 2-3

类型	图例
垫圈	
双头螺柱	
螺钉	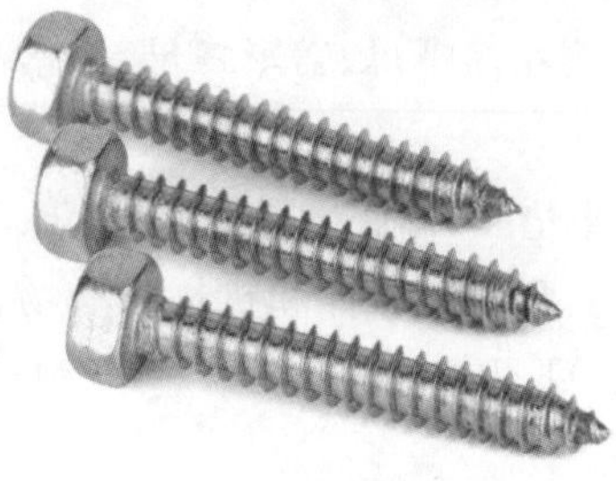
紧定螺钉	

3. 键、花键及销连接

1)键连接

键是一种标准零件,通常用来实现轴与轮毂之间的周向固定以传递转矩,有的键还能实现轴上零件的轴向固定或轴向滑动的导向。它的主要类型有平键连接、楔键连接和切向键连接。各类键使用的场合不同,键槽的加工工艺也不同。可根据键连接的结构特点、使用要求和工作条件来选择键的类型,键的尺寸则应按标准规格和强度要求来确定。国家标准有《普通型　平键》(GB/T 1096—2003)(图 2-5)、《导向型　平键》(GB/T 1097—2003)(图 2-6)、《平键　键槽的剖面尺寸》(GB/T 1095—2003)(图 2-7)、《半圆键　键槽的剖面尺寸》(GB/T 1098—2003)、《普通型　半圆键》(GB/T 1099.1—2003)(图 2-8)、《楔键　键槽的剖面尺寸》(GB/T 1563—2017)、《普通型　楔键》(GB/T 1564—2003)、《钩头型　楔键》(GB/T 1565—2003)(图 2-9)、《切向键及其键槽》(GB/T 1974—2003)(图 2-10)及《薄型平键　键槽的剖面尺寸》(GB/T 1566—2003)等。

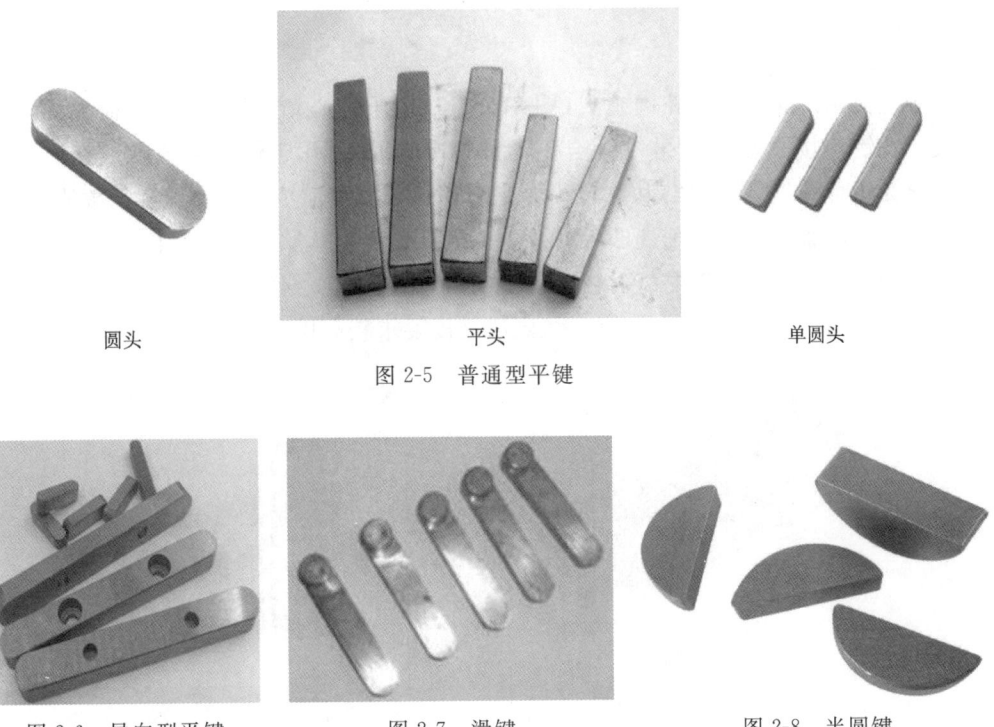

圆头　　　　　　　　平头　　　　　　　　单圆头

图 2-5　普通型平键

图 2-6　导向型平键　　　图 2-7　滑键　　　图 2-8　半圆键

图 2-9　钩头型楔键

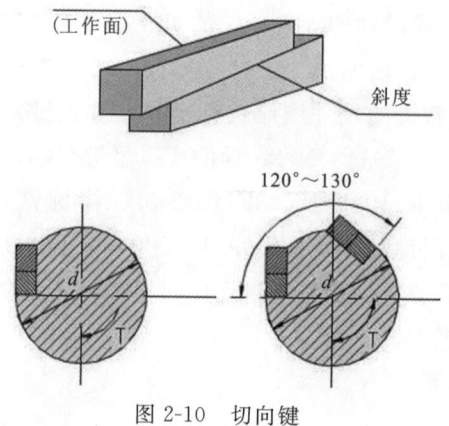

图 2-10 切向键

2)花键连接

花键连接由外花键和内花键组成(图 2-11),适用于定心精度要求高、载荷大或经常滑移的连接。花键连接的齿数、尺寸和配合等均按标准选取,可用于静连接或动连接。花键按其齿形可分为矩形花键(图 2-12)和渐开线形花键(图 2-13)等。矩形花键具有承载能力高、对中性好、导向性好、轴与毂强度削弱小等优点,广泛应用于飞机、汽车、拖拉机、机床及农业机械传动装置中。渐开线形花键受载时齿上有径向力,能起到定心作用,使各齿受力均匀,具有强度高、寿命长等特点,主要用于载荷较大、定心精度要求较高以及尺寸较大的连接。

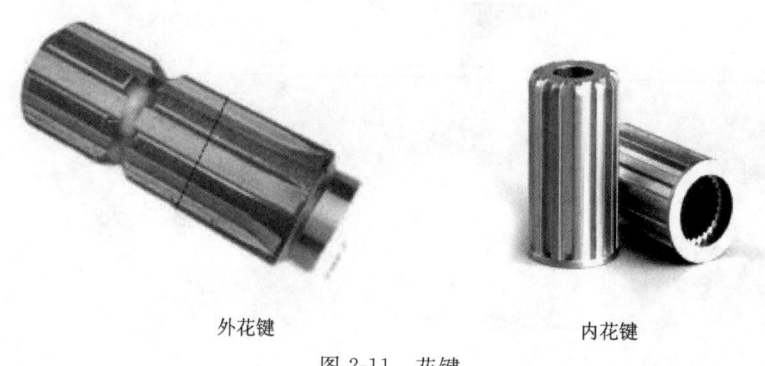

外花键   内花键

图 2-11 花键

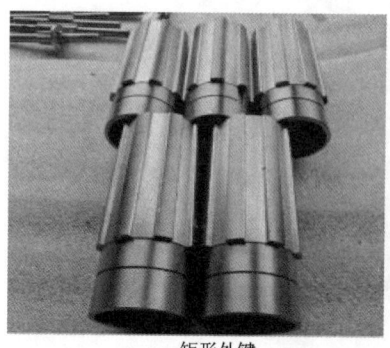
矩形外键

矩形内键

图 2-12 矩形花键

图 2-13 渐开线形花键

3)销连接

销按用途分为 3 类：主要用来固定零件之间的相对位置时，称为定位销（图 2-14），是组合加工和装配时的重要辅助零件；用于连接时，称为连接销（图 2-15），可传递不大的载荷；作为安全装置中的过载剪断元件时，称为安全销（图 2-16）。

圆柱销

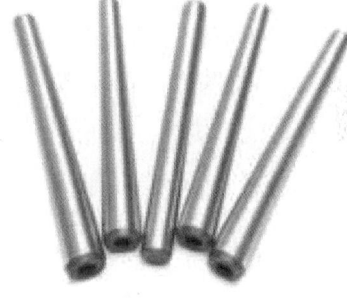
圆锥销

图 2-14 定位销

图 2-15 连接销

图 2-16 安全销

销有多种类型,如圆锥销(图 2-17)、槽销(图 2-18)、销轴(图 2-19)和开口销(图 2-20)等。

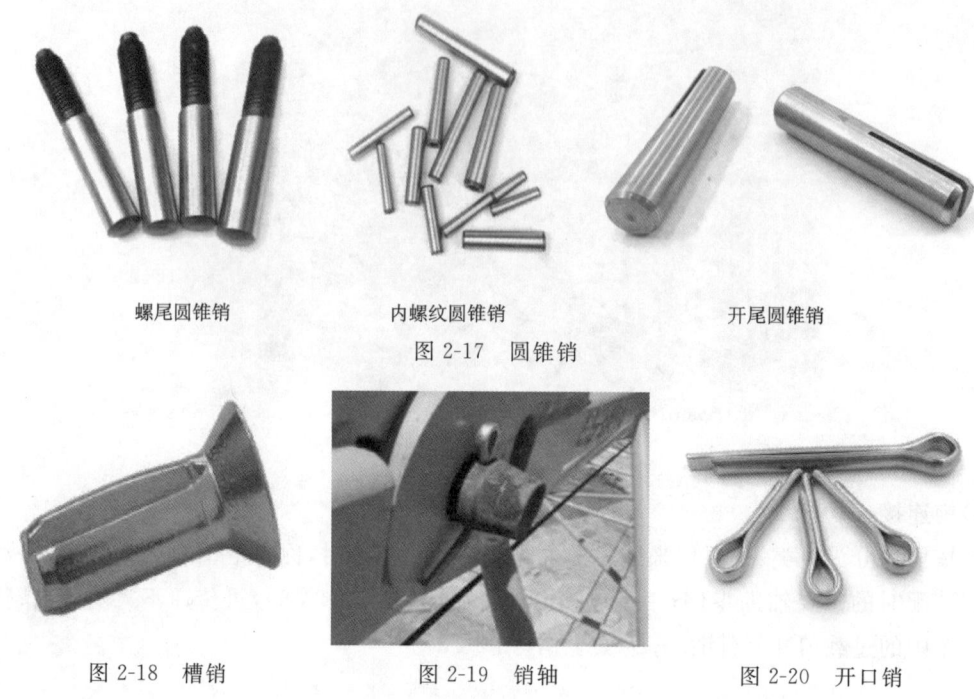

螺尾圆锥销　　　　内螺纹圆锥销　　　　开尾圆锥销

图 2-17　圆锥销

图 2-18　槽销　　　图 2-19　销轴　　　图 2-20　开口销

各种类型的销都有各自的特点,如圆柱销多次拆装会降低定位精度和可靠性;锥销在受横向力时可以自锁,安装方便,定位精度高,多次拆装不影响定位精度等。

以上几种连接,同学们要仔细观察其结构,分清和认识以上各类零件,并思考其适用场合。

4. 机械传动零件

机械传动有螺旋传动、带传动、链传动、齿轮传动及蜗杆传动等。各种传动都有不同的特点和使用范围,这些传动知识在"机械设计"课程中都有详细讲授。在这里主要通过实物观察,增加同学们对各种机械传动零件的感性认识,为今后的设计实践打下良好基础。

1)螺旋传动

螺旋传动(图 2-21)是利用螺纹零件工作的,作为传动件,它要求保证螺旋副的传动精度、提高传动效率和延长磨损寿命等。它的螺纹种类有矩形螺纹、梯形螺纹、锯齿形螺纹(表 2-1)等。螺旋按用途可分为传力螺旋(如千斤顶)、传导螺旋(如机床的进给丝杠)及调整螺旋(如车床尾夹)3 种;按摩擦性质不同可分为滑动螺旋、滚动螺旋及静压螺旋等。

滑动螺旋常为半干摩擦,摩擦阻力大、传动效率低(一般为 30%~60%),并且容易磨损;具有结构简单、加工方便、易于自锁、运转平稳等特点,但在低速时可能出现爬行;螺纹有侧向和轴向间隙,反向传动时有空行程,定位精度和轴向刚度较差,要提高精度必须采用组合螺母等消隙机构(图 2-22)。滑动螺旋用于传力或调整螺旋时,要求自锁,常采用单线螺纹;用于传导时,为了提高传动效率及直线运动速度,常采用多线螺纹(线数 n 为 3~4)。滑动螺旋主要应用于金属切削机床进给、分度机构的传导螺纹、摩擦压力机及千斤顶的传动等。

机床的进给丝杠　　　　　　　压力机

图 2-21　螺旋传动的运动形式

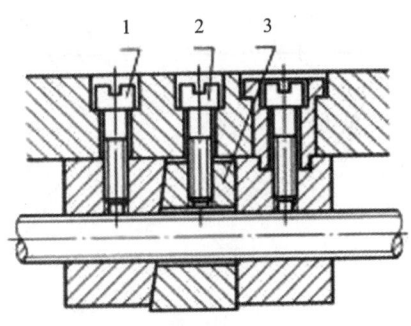

1. 固定螺钉；2. 调整螺钉；3. 调整楔块。

图 2-22　组合螺母（滑动螺旋实例）

滚动螺旋（图 2-23）因螺旋槽中含有滚珠或滚子，在传动时摩擦阻力小，传动效率高（一般在 90% 以上）；具有起动力矩小、传动灵活、工作寿命长等优点，但结构复杂，制造较难。滚动螺旋具有传动可逆性（可以把旋转运动变为直线运动，也可把直线运动变成旋转运动），为了避免螺旋副受载时逆转，应设置防止逆转的机构；运转平稳，启动时无颤动，低速时不爬行；螺母与螺杆经调整预紧后，可得到很高的定位精度（$6\mu m/0.3m$）和重复定位精度（可达 $1\sim 2\mu m$），并可提高轴的刚度；工作寿命长、不易发生故障，但抗冲击性能较差。滚动螺旋主要用在金属切削精密机床和数控机床、测试机械、仪表的传导螺旋和调整螺旋上，也可用在起重、升降机构和汽车、拖拉机转向机构的传力螺旋上，还可用在飞机、导弹、船舶、铁路等自控系统的传导和传力螺旋上。

为了降低螺旋传动的摩擦，提高传动效率，增强螺旋传动的刚性和抗振性能，将静压原理应用于螺旋传动中，制成静压螺旋（图 2-24）。静压螺旋是液体摩擦，摩擦阻力小，传动效率高（可达 99%），但螺母结构复杂；具有传动的可逆性，必要时应设置防止逆转的机构；工作稳定，无爬行现象；反向时无空行程，定位精度高，并有较高轴向刚度；磨损小，寿命长；使用时需要一套压力稳定、温度恒定、有精滤装置的供油系统。静压螺旋主要用于精密机床进给，分度机构的传导螺旋。

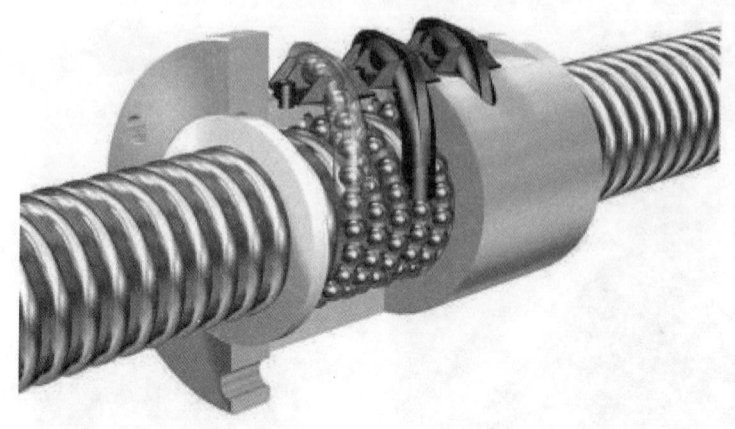

图 2-23 滚动螺旋

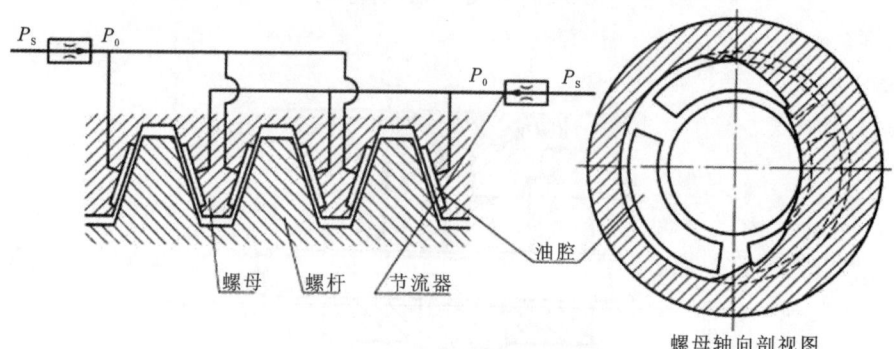

图 2-24 静压螺旋传动示意图

2) 带传动

带传动的类型有摩擦型带传动和啮合型带传动。摩擦型带传动中,带被张紧(预紧力)而压在两个带轮上,主动带轮通过摩擦力拖动带以后,再通过摩擦力带动从动带轮转动。它具有传动中心距大、结构简单、过载打滑等特点。常见的带传动类型有平带传动(图 2-25)、"V"形带传动(图 2-26)、多楔带传动(图 2-27)及同步带传动(啮合型带传动)等(图 2-28)。

图 2-25 平带传动

图 2-26 "V"形带传动

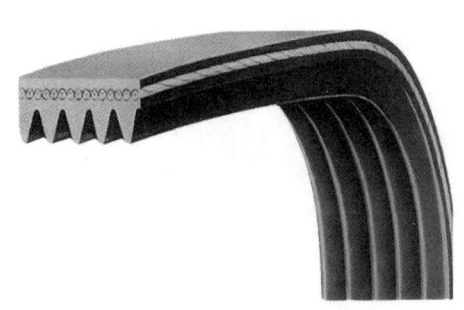 

图 2-27 多楔带传动　　　　　　图 2-28 同步带传动

平带传动结构最简单,带轮容易制造。在传动中心距较大的情况下应用较多。

"V"形带为一整圈,无接缝,故质量均匀,在同样张紧力下,"V"形带较平带传动能产生更大的摩擦力,再加上传动比较大、结构紧凑,并标准化生产,因而应用广泛。

多楔带传动兼有平带和"V"形带传动的优点,柔性好、摩擦力大、能传递的功率大,并能解决多根"V"形带长短不一使各带受力不均匀的问题。多楔带传动主要用于传递功率较大而结构要求紧凑的场合,传动比可达 10,带速可达 40m/s。

同步带是沿纵向制有很多齿,带轮轮面也制有相应齿,它是靠齿的啮合进行传动的,可使带与轮的速度一致。

3) 链传动

链传动由主动链轮齿带动链,又通过链带动从动链轮,属于带有中间挠性件的啮合传动(图 2-29)。与属于摩擦传动的带传动相比,链传动无弹性滑动和打滑现象,能保持准确的平均传动比,传动效率高。链条按用途可分为传动链、输送链和起重链。输送链和起重链主要用在运输和起重机械中,而在一般机械传动中常用的是传动链。

图 2-29 链传动

传动链有短节距精密滚子链(简称滚子链)、齿形链等。

滚子链常用于传动系统的低速级。为使传动平稳、结构紧凑,宜选用小节距单排滚子链

(图2-30);当速度高、功率大时,则选用小节距多排滚子链(图2-31)。

图 2-30 单排滚子链

图 2-31 多排滚子链

齿形链(图2-32)又称无声链,它是由一组带有两个齿的链板左右交错并列铰链而成。齿形链设有导板,以防止链条在工作时发生侧向窜动。与滚子链相比,齿形链传动平稳、无噪声、承受冲击性能好、工作可靠。

内导板齿形链　　　　　　　　　　外导板齿形链

图 2-32 齿形链

4)齿轮传动

齿轮传动(图2-33)是机械传动中最重要的传动之一,形式多、应用广泛,主要特点是效率高、结构紧凑、工作可靠、传动比稳定等,可做成开式、半开式及封闭式传动。失效形式主要有轮齿折断(图2-34)、齿面磨损(图2-35)、齿面点蚀(图2-36)、齿面胶合(图2-37)及塑性变形(图2-38)等。

图 2-33 齿轮传动

图 2-34 直齿圆柱齿轮的轮齿整体折断

图 2-35 齿面磨损　　　　　　　　图 2-36 齿面点蚀

图 2-37 齿面胶合　　　　　　　　图 2-38 塑性变形

常用的渐开线齿轮传动有直齿圆柱齿轮传动(图 2-33)、斜齿圆柱齿轮传动(图 2-39)、直齿锥齿轮传动(图 2-40)、圆弧齿锥齿轮传动等(图 2-41)。齿轮传动啮合方式有内啮合(图 2-42)、外啮合(图 2-33)、齿轮与齿条啮合(图 2-43)等。参观时,学生一定要了解各种齿轮特征、主要参数的名称及几种失效形式的主要特征,使实验在真正意义上与理论教学产生互补作用。

图 2-39 斜齿圆柱齿轮传动　　　　图 2-40 直齿锥齿轮传动

图 2-41 圆弧齿锥齿轮传动

图 2-42 内啮合

图 2-43 齿条与齿轮啮合

5) 蜗杆传动

蜗杆传动是传递空间交错的两轴间运动和动力的一种传动机构,两轴线交错的夹角可为任意角,常用的为 90°。

蜗杆传动有下述特点:当使用单头蜗杆(相当于单线螺纹)时,蜗杆旋转一周,蜗轮只转过一个齿距,因此能实现大传动比。在动力传动中,一般传动比 i 为 5~80;在分度机构或手动机构的传动中,传动比可达 300;若只传递运动,传动比可达 1000。由于传动比大,零件数目又少,因此结构很紧凑。在传动中,蜗杆齿是连续不断的螺旋齿,与蜗轮齿是逐渐进入与逐渐退出啮合,故冲击载荷小,传动平稳,噪声低;但当蜗杆的螺旋线升角小于啮合面的当量摩擦角时,蜗杆传动便具有自锁性;蜗杆传动与螺旋传动相似,在啮合处有相对滑动。当蜗杆传动的滑动速度高时,在不良润滑条件下,发热大,导致润滑油黏度降低并易流失,进而产生胶合等不良现象。

根据蜗杆形状不同,分为圆柱蜗杆传动(图 2-44)、环面蜗杆传动(图 2-45)和锥面蜗杆传动(图 2-46)。通过实验,同学们应了解蜗杆传动结构及蜗杆上置和下置的适用场合。

图 2-44 圆柱蜗杆传动

图 2-45 环面蜗杆传动

图 2-46 锥面蜗杆传动

5. 轴系零、部件

1) 轴承

轴承是现代机器中广泛应用的部件之一,根据摩擦性质不同分为滚动轴承(图 2-47)和滑动轴承(图 2-48)两大类。

图 2-47 滚动轴承

图 2-48 滑动轴承

滚动轴承由外圈、内圈、保持架和滚动体组成,各部件如图 2-49 所示。滚动轴承已标准化(标准代号有 GB/T 281—2013、GB/T 276—2013、GB/T 288—2013、GB/T 292—2007、GB/T 285—2013、GB/T 5801—2020、GB/T 297—2015、GB/T 301—2015 及 GB/T 4663—2017、GB/T 5859—2008 等),由于摩擦系数小,起动阻力小,润滑、维护都很方便,因此在一般机器中广泛应用。

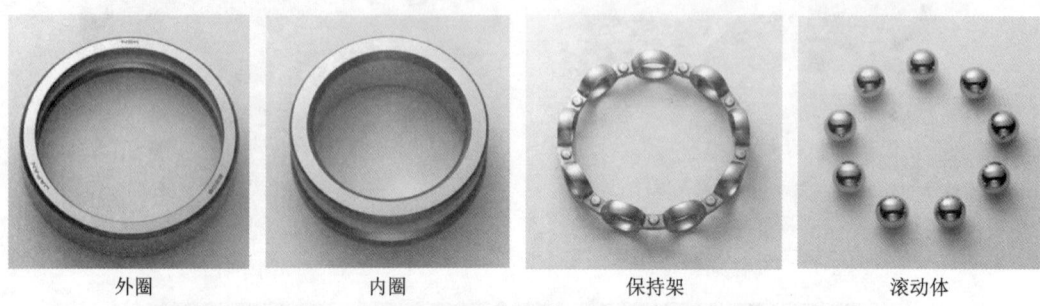

图 2-49 滚动轴承组成结构

滑动轴承按承受载荷方向的不同,可分为径向滑动轴承和止推轴承(图 2-50);按润滑表面状态不同,可分为液体润滑轴承、不完全液体润滑轴承和无润滑轴承(指工作时不加润滑剂);按液体润滑承载机理不同,可分为液体动力润滑轴承(简称液体动压轴承)和液体静压润滑轴承(简称液体静压轴承)(图 2-51)。

图 2-50 径向滑动轴承和止推轴承

图 2-51 液体静压轴承

滑动轴承的承载机理、结构、材料等将在课堂上详细讲授，实验主要展示各种轴承的结构及特征。

2）轴

轴是组成机器的主要零件之一。一切做回转运动的传动零件（如齿轮、蜗轮等），都必须安装在轴上才能进行运动及动力的传递。轴的主要功用是支撑回转零件及传递运动和动力。

轴按承受载荷的不同，可分为转轴（图 2-52）、心轴（图 2-53）和传动轴（图 2-54）；按轴线形状不同，可分为曲轴（图 2-55）和直轴，直轴又可分为光轴和阶梯轴。光轴形状简单，加工容易，应力集中源少，但轴上的零件不易装配及定位；阶梯轴正好与光轴相反。光轴主要用于心轴和传动轴，阶梯轴则常用于转轴。此外，还有一种钢丝软轴（挠性轴），它可以把回转运动灵活地传到不开敞的空间位置。

图 2-52　转轴

图 2-53　心轴

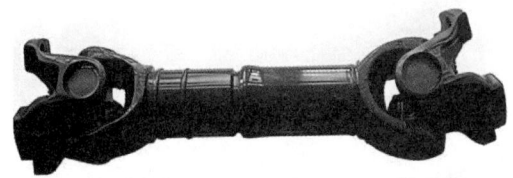

图 2-54　传动轴

图 2-55　曲轴

轴的失效形式主要是疲劳断裂和磨损。防止失效的措施有：①从结构设计上力求降低应力集中，如减小相邻轴段直径差、加大过渡圆角半径等，可详看实物；②提高轴的表面品质，包括降低轴的表面粗糙度，对轴进行热处理或表面强化处理等。

轴上零件的定位，主要是轴向和周向定位。轴向定位可采用轴肩、套筒、弹性挡圈、圆锥面、圆螺母、轴端挡圈、轴端挡板、紧定螺钉等方式（图 2-56）；周向定位可采用平键、楔键、切向键、花键、圆柱销、圆锥销及过盈配合等连接方式。

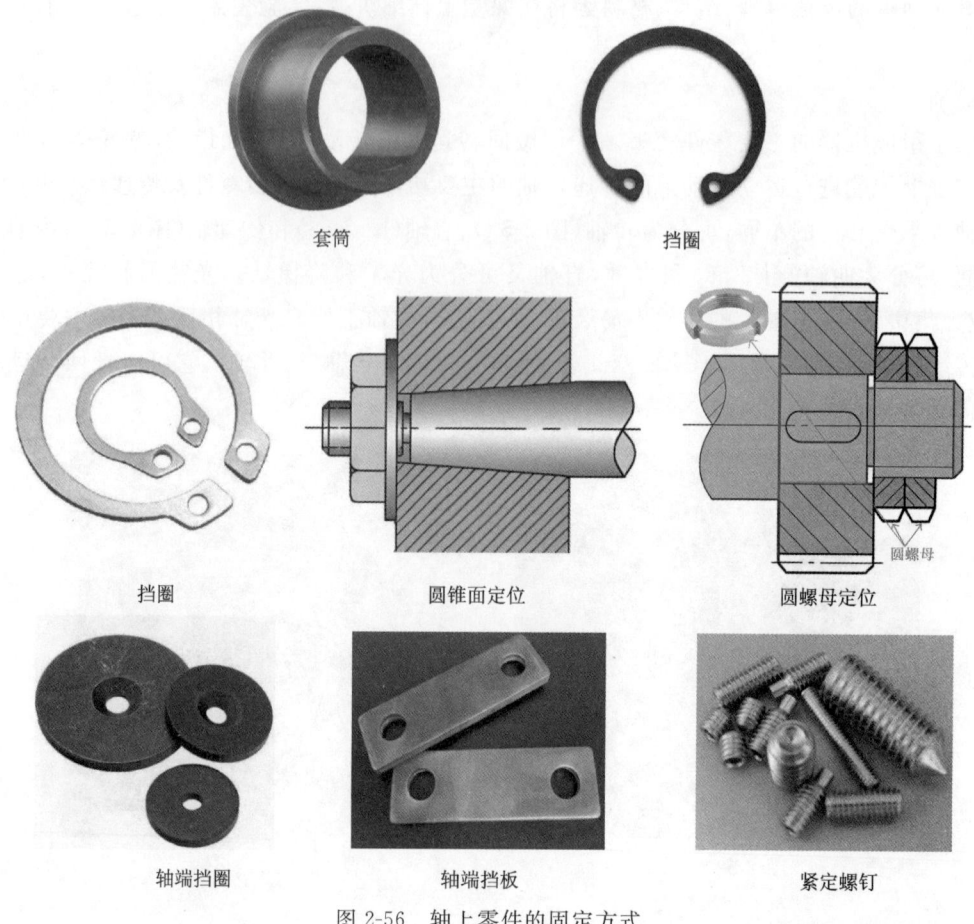

图 2-56 轴上零件的固定方式

6. 弹簧

弹簧是一种弹性元件,它可以在载荷作用下产生较大的弹性变形。在各类机械中应用广泛。

(1)控制机构的运动,如制动器、离合器中的控制弹簧,内燃机气缸的阀门弹簧等。

(2)减振和缓冲,如汽车、火车车厢下的减振簧及各种缓冲器用的弹簧等。

(3)储存及输出能量,如钟表弹簧、枪内弹簧等。

(4)测量力的大小,如测力器和弹簧秤中的弹簧等。

弹簧的种类比较多,按承受的载荷不同可分为拉伸弹簧、压缩弹簧、扭转弹簧及弯曲弹簧4种;按形状不同又可分为螺旋弹簧、环形弹簧、碟形弹簧、板簧和平面涡卷弹簧等,观看时要看清各种弹簧的结构、材料,并能与名称对应起来。表2-4中列出了弹簧的基本类型。

表 2-4　弹簧的基本类型

按形状分	按载荷分			
	拉伸	压缩	扭转	弯曲
螺旋形	圆柱螺旋拉伸弹簧	圆柱螺旋压缩弹簧	圆柱螺旋扭转弹簧	
其他形		环形弹簧	平面涡卷弹簧	板簧

7. 润滑及密封

1) 润滑

在摩擦面间加入润滑剂不仅可以降低摩擦，减轻磨损，保护零件免遭锈蚀，而且在采用循环润滑时还能起到散热降温的作用。由于液体的不可压缩性，润滑油膜还具有缓冲、吸振的能力。使用膏状润滑脂，既可防止内部的润滑剂外泄，又可阻止外部杂质侵入，起到密封作用。

润滑剂可分为气体、液体、半固体和固体 4 种基本类型。任何气体都可作为气体润滑剂，其中用得最多的是空气，主要用在气体轴承中。液体润滑剂中应用最广泛的是润滑油，包括矿物油、动植物油、合成油和各种乳剂。半固体润滑剂主要是指各种润滑脂，它是润滑油和稠化剂的稳定混合物。固体润滑剂是任何可以形成固体膜以减少摩擦阻力的物质，如石墨、三硫化钼、聚四氟乙烯等。液体、半固体润滑剂，在生产中其成分及各种分类（品种）都严格按照国家有关标准进行生产。实验室展柜展出了油剂、脂剂等实物，以及相关润滑方法与润滑装置。

向摩擦表面施加润滑油（油润滑）的方法可分间歇式和连续式两种。图 2-57 所示为压配式注油杯，图 2-58 所示为旋套式注油杯。这些只可用于小型、低速或间歇运动的润滑场合，对于重要的润滑场合，必须采用连续供油的方法。图 2-59 及图 2-60 所示的针阀油杯和油芯油杯都可做到连续滴油润滑，图 2-61 所示为油环润滑。

脂润滑只能间歇供应润滑脂。旋盖式油脂杯（图 2-62）是应用最广的脂润滑装置。

图 2-57 压配式注油杯

图 2-58 旋套式注油杯

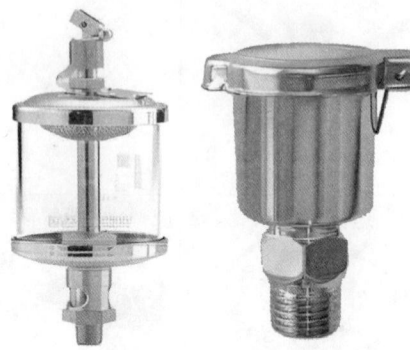

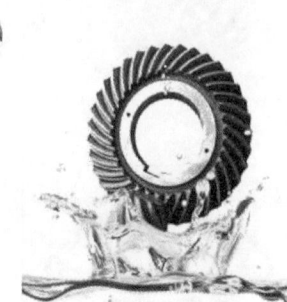

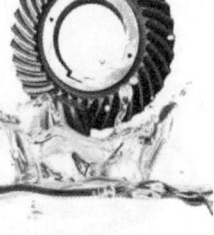

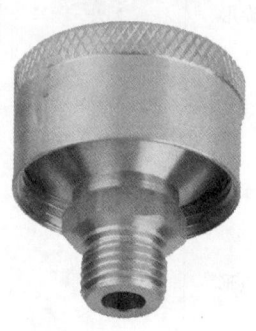

图 2-59 针阀油杯　　图 2-60 油芯油杯　　图 2-61 油环润滑　　图 2-62 旋盖式油脂杯

2)密封

机器在运转过程中及气动、液压传动中需润滑剂、气、油润滑、冷却、传力保压等,在零件的接合面、轴的伸出端等处容易产生油、脂、水、气等渗漏。为了防止这些渗漏,在这些地方常要采用一些密封的措施。密封方法和类型很多,如填料密封,机械密封、"O"形圈密封,迷宫式密封、螺旋密封等(图 2-63)。这些密封广泛应用在泵、水轮机、阀、压气机、轴承、活塞等部件的密封中。同学们在参观时应认识常见的密封零件并了解其应用场合。

(四)实验报告

根据现场观察结果,分析至少 6 种常见机械零部件,包括结构特点、材料、主要失效形式、主要应用场合。

(五)思考题

(1)常见的连接件有哪些?它们各自的连接方式和应用场景是什么?
(2)常见的传动件有哪些?它们各自的传动原理和特点是什么?
(3)常见的轴系零件有哪些?它们各自的结构和功能是什么?
(4)如何根据机械的工作条件和要求,选择合适的连接件、传动件和轴系零件?
(5)在设计和计算连接件、传动件和轴系零件时,需要考虑哪些因素?

填料密封

机械密封

"O"形圈密封　　　　迷宫式密封

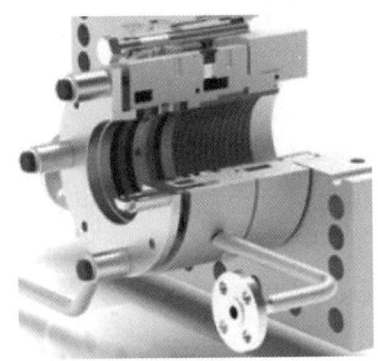
螺旋密封

图 2-63　常用密封形式

第二节　机械零件失效形式认知实验

（一）实验目的

(1)认知学习:通过观察和分析机械零件的失效形式,了解和掌握机械零件失效的基本知识,包括失效的类型、特征和原因。

(2)技能培养:通过实验操作和数据分析,培养学生观察问题、分析问题和解决问题的能力以及实验操作技能和数据分析能力。

(3)理论联系实际:将课堂上学到的理论知识与实际工程问题相结合,学生能够更好地理解理论知识在实际工程中的应用。

(4)科学研究方法:通过设计实验和分析数据,学习和掌握科学研究的思路和方法,为将来的科研工作打下基础。

(5)安全意识:通过实验,认识到机械零件失效可能带来的安全隐患,提高安全意识。

(二)实验内容

本实验旨在通过观察和分析不同类型的机械零件失效形式,了解其失效原因和失效特征,从而提高学生对机械零件失效形式的认知和理解。实验内容主要包括以下几个方面。

(1)观察和分析机械零件的常见失效形式,如磨损、疲劳、腐蚀、断裂等,并了解其失效原因和失效特征。

(2)通过实验设备或模拟软件,模拟不同工况下机械零件的失效过程,观察失效现象,并分析其失效原因。

(3)学习和了解常用的机械零件失效分析方法,如金相分析、扫描电镜分析、能谱分析等,并了解其适用范围和优缺点。

(4)根据实验结果,总结不同失效形式对机械零件性能和寿命的影响,并提出相应的预防和改善措施。

(三)实验原理

机械零件的失效形式主要有以下几种。

1. 整体断裂

零件在受拉、压、弯、剪和扭等外载荷作用时,由于某一危险截面上的应力超过零件的强度极限而发生的断裂;零件在受变应力作用时,危险截面上发生的疲劳断裂均属此类。例如齿轮轮齿根部的折断(图2-34)、螺栓的断裂(图2-64)等。

图 2-64 螺栓的断裂

2. 过大残余变形

如果作用于零件上的应力超过了材料的屈服极限,零件将产生残余变形。机床上夹持定位零件的过大的残余变形,会降低加工精度;高速转子轴的残余挠曲变形,将增大不平衡度(图2-65),并进一步引起零件的变形。

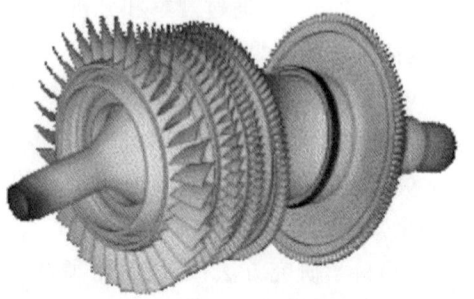

图 2-65 高速转子轴残余挠曲变形

3. 零件的表面破坏

零件的表面破坏主要是腐蚀(图 2-66)、磨损(图 2-67)和接触疲劳(图 2-68)。腐蚀是发生在金属表面的一种电化学或化学侵蚀现象。腐蚀的结果是使金属表面产生锈蚀，从而使零件表面遭到破坏。与此同时，对于承受变应力的零件，还会引起腐蚀疲劳的现象。磨损是两个接触表面在做相对运动的过程中表面物质丧失或转移的现象。

图 2-66　不锈钢管表面腐蚀

图 2-67　直齿圆柱齿轮齿面磨损

图 2-68　直齿圆柱齿轮齿面点蚀(接触疲劳)

腐蚀、磨损和接触疲劳都是随工作时间的延续而逐渐发生的失效形式。处于潮湿空气中或与水、汽及其他腐蚀性介质相接触的金属零件，均有可能发生腐蚀现象；所有做相对运动的零件接触表面都有可能发生磨损；而在接触变应力条件下工作的零件表面也有可能发生接触疲劳。

4. 破坏正常工作条件引起的失效

有些零件只有在一定的工作条件下才能正常工作。例如，液体润滑的滑动轴承只有在存在完整的润滑油膜时才能正常工作；带传动和摩擦轮传动只有在传递的有效圆周力小于临界摩擦力时才能正常工作；高速转动的零件只有其转速与转子系统的固有频率避开一个适当的频率间隔时才能正常工作等。如果破坏了这些必备的条件，则将发生不同类型的失效。例如，滑动轴承发生过热和齿轮发生胶合(图 2-69)、磨损等形式的失效；带传动发生打滑的失效；高速转子发生共振从而使振幅增大，以致引起断裂的失效等。

图 2-69　直齿圆柱齿轮齿面胶合

(四)实验报告

实验报告应包括以下内容。

(1)实验目的:简要介绍实验的目的和意义。

(2)实验内容:详细描述实验的过程和所使用的设备或软件。

(3)实验结果:记录实验中观察到的失效现象和失效特征,并进行分析和解释。

(4)分析与讨论:根据实验结果,分析不同失效形式对机械零件性能和寿命的影响,并提出相应的预防和改善措施。

(5)结论:总结实验的主要发现,并得出结论。

(五)思考题

(1)机械零件失效形式有哪些?它们分别是由什么原因引起的?

(2)如何预防和改善机械零件的失效问题?

(3)常用的机械零件失效分析方法有哪些?它们各自的适用范围和优缺点是什么?

(4)不同失效形式对机械零件性能和寿命的影响有何不同?

(5)如何通过实验结果来判断机械零件的失效原因?

第三章　验证性实验

第一节　螺栓组连接实验

大多数机器的螺纹连接件都是成组使用的,即所谓螺栓组、螺柱组或螺钉组连接。其中,以螺栓组连接最为典型。通常在设计螺栓组连接时:首先进行结构设计,即确定结合面的形状、螺栓布置方式和数量;然后按螺栓组的结构和承载状况进行受力分析,找出受力最大的螺栓,求出其所受力的大小和方向;最后按照单个螺栓进行强度计算,确定螺栓尺寸,校核结合面是否被压溃或出现缝隙。

螺栓组的受力情况可分为受横向载荷、受转矩、受轴向载荷、受翻转力矩等,其中,受翻转力矩的螺栓组连接设计计算较为复杂。本实验旨在测试螺栓组连接在翻转力矩作用下各螺栓所受的载荷,以加深学生对螺栓组连接受力分析的认识。

(一)实验目的

(1)测试螺栓组连接在翻转力矩作用下各螺栓所受的载荷。
(2)深化课程学习中对螺栓组连接受力分析的认识。
(3)初步掌握电阻应变仪的工作原理和使用方法。

(二)实验设备及工作(测量)原理

1. 实验设备

(1)多功能螺栓组连接实验台(图 3-1)。
(2)静态电阻应变仪。
(3)配套工具:螺丝刀、扳手等。

2. 实验台的主要技术参数

(1)螺栓组被测螺栓 10 根,中段直径 $\Phi 6.5$ mm,两端螺纹 M10,螺栓材料 40Cr。
(2)被测等强度梁 1 根。

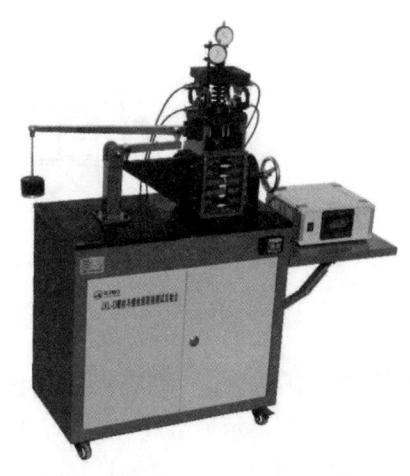

图 3-1　螺栓组连接实验台的实物图

(3) 静态电阻应变仪 1 台,测量通道 16 路。

(4) 1 kg 砝码 2 块,0.5 kg 砝码 1 块,共计 3 块。

(5) 外形尺寸 770 mm×400 mm×1020 mm,实验台质量 60 kg。

3. 工作(测量)原理

实验台结构及工作原理如图 3-2 所示。

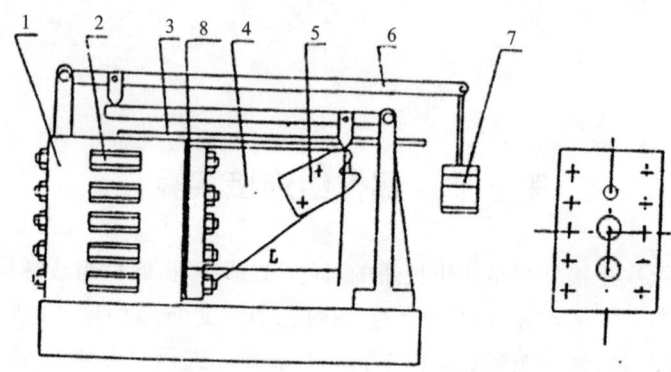

1.机座;2.螺栓;3.测试梁;4.托架;5.测试齿块;6.杠杆系统;7.砝码;8.垫片。

图 3-2 螺栓组连接实验台的结构示意图

被连接件机座 1 和托架 4 被双排共 10 个螺栓 2 连接,连接面间加入垫片 8(硬橡胶板),砝码 7 的重力通过双级杠杆加载系统 6(1∶75)放大后作用到托架 4 上,托架受到翻转力矩的作用,螺栓组连接受横向载荷和倾覆力矩的联合作用,各个螺栓所受轴向力不同,它们的轴向变形也就不同。为测量各个螺栓的受力情况,我们在各个螺栓上贴有电阻应变片,可在螺栓中段测试部位的任一侧贴一片,或在对称的两侧各贴一片,如图 3-3 所示。各个螺栓的受力可使用电阻应变仪通过测量贴在其上的电阻应变片的变形得到。

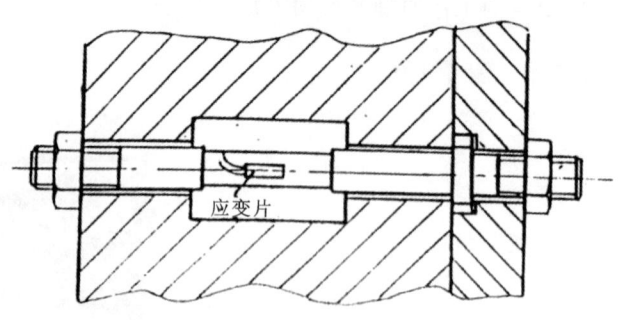

图 3-3 螺栓安装及贴片图

静态电阻应变仪的工作原理如图 3-4 所示,主要由测量桥、桥压、滤波器、A/D 转换器、MCU、键盘、显示屏组成。测量方法:由 DC 2.5 V 高精度稳定桥压供电,通过高精度放大器,把测量桥桥臂压差(μV 信号)放大,后经数字滤波器滤去杂波信号,通过 24 位 A/D 模数转换送入 MCU(即 CPU)处理,调零点方式采用计算机内部自动调零。送显示屏显示测量数据,同时配有 RS232 通信口,可以与计算机通信。

工作片平衡电压差 ΔU_{BD} 与螺栓的应变量之间的关系为

$$\Delta U_{BD} = \frac{E}{4K}\varepsilon \tag{3-1}$$

式中:E 为桥压,K 为电阻应变系数,ε 为应变值。

当工作电阻片由于螺栓受力变形,长度变化 ΔL 时,其电阻也要变化 ΔR,并且 $\Delta R/R$ 正比于 $\Delta L/L$,ΔR 使测量桥失去平衡。通过应变仪测量出 ΔU_{BD} 的变化和螺栓的应变量。

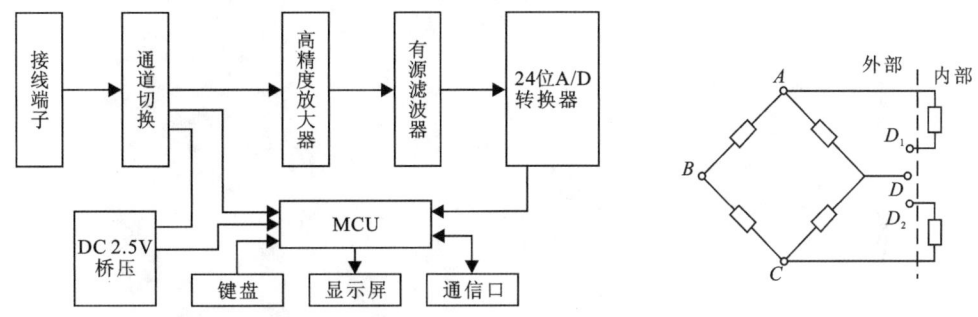

图 3-4 静态电阻应变仪系统组成

托架 4 上安装有一测试齿块 5,齿块上有两个测试齿,其齿形为标准渐开线,参数为:齿数 $z = 32$,模数 $m = 16\text{mm}$,压力角 $\alpha = 20°$,齿厚 $b = 10\text{mm}$。在齿根两侧 30°切线处(此处应力最大),各贴一个电阻应变片,用来测试齿根的应力,如图 3-5 所示。将加载杠杆系统的加力刀口压到测试齿顶上,轮齿即受力,齿根部产生弯曲应力及压变力。

机座 1 上固定有一测试梁 3,这是一等强度悬臂梁,如图 3-6 所示。砝码 7 及其托盘直接挂在测试梁小端加力孔处,使梁受力,可用来进行梁的应力测试实验或电阻应变片灵敏系数测定实验。

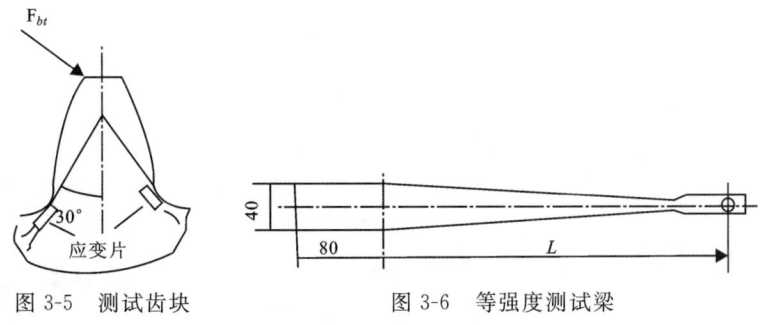

图 3-5 测试齿块   图 3-6 等强度测试梁

(三)实验内容

(1)在不加载荷状态下,对一组螺栓依次施加预紧力,使各螺栓预紧力相等。观察一个螺栓的预紧变形对其他螺栓受力的影响。

(2)对螺栓组施加横向和倾覆力矩载荷,观察各螺栓的受力变化。

(3)计算螺栓理论受力情况,与实测数据进行比较,并分析原因。

（四）实验步骤

1. 实验前的准备工作

（1）认真阅读《实验指导书》和《实验台使用说明书》。

（2）检查各线是否正常连接，确保各线都连接正常。设备的接线如图 3-7 所示。

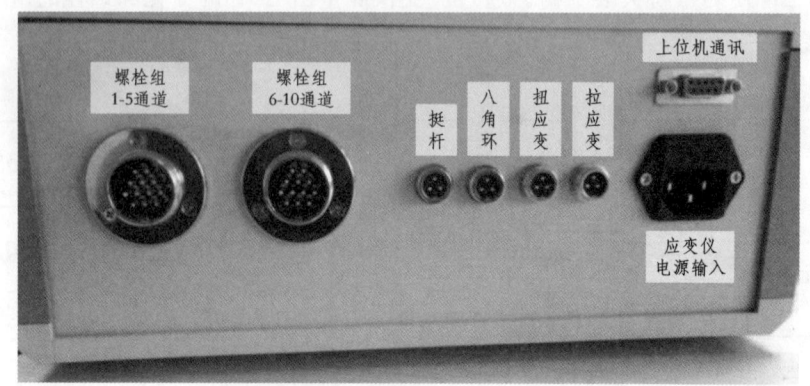

图 3-7　螺栓组连接实验台的接线图

（3）检查螺栓组的预紧螺栓是否在松弛状态。如果不在松弛状态，须松掉所有预紧螺栓。

2. 螺栓组实验步骤

（1）检查螺栓组的 10 个螺栓是否处于完全拧松状态。

（2）在不加载的状态下（将加载杠杆立起来），先用手拧紧左边螺栓，再用手拧紧右边螺栓，实现螺栓初预紧，把应变仪上各个通道的应变值都调到"零"，实现预调平衡。

（3）打开软件主页，选择"螺栓组"实验，如图 3-8 所示。

图 3-8　螺栓组实验界面首页

(4) 点击"基准校零",如图 3-9 所示。此时各螺栓的应变都为零。

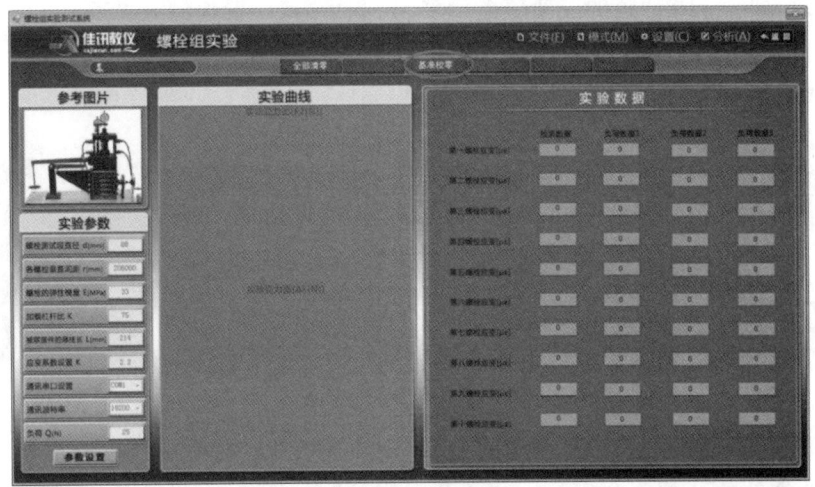

图 3-9　基准校正界面

(5) 拧紧螺栓组,给各螺栓施加相同的预紧力。注意,拧紧螺栓组时,按图 3-10 所示 1～10 的顺序依次对螺栓施加预紧力,并且通过静态电阻应变仪实时观察对应通道的应变值读数。

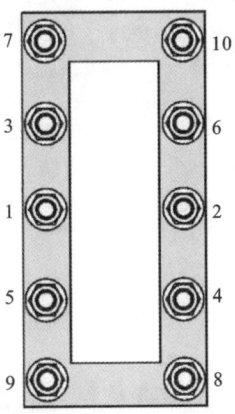

图 3-10　螺栓组中各个螺栓预紧的顺序图

第 1 个螺栓拧紧时,应变显示至 300 左右即可停止。然后依次拧紧其他螺栓。拧螺栓的同时,密切观察螺栓应变值的变化。可以观察到:螺栓每拧紧一次,不仅会影响到该螺栓自身的预紧力,还会使其他螺栓的预紧力发生变化。所以,每拧紧一次应点击"读取全通道",如图 3-11 所示。

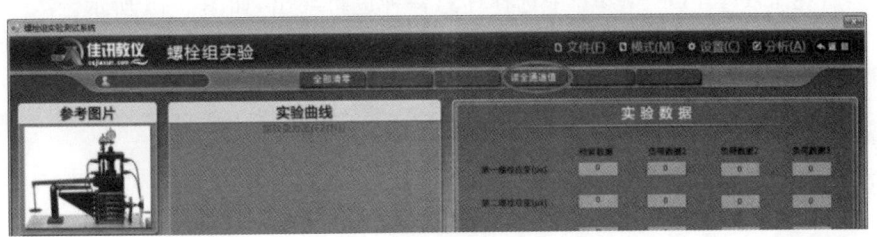

图 3-11　读取全通道界面

(6)调整各螺栓的拧紧程度3～4次或更多,并且用应变仪来监测,最终使10个螺栓的预紧力达到一致,即1～10通道的应变值差不多(如280 $\mu\varepsilon$,一般控制在250～300 $\mu\varepsilon$ 之间),10个通道应变值之间的最大差值在10 $\mu\varepsilon$,即可停止拧紧螺栓组。10个通道数据读取完毕后,点击"预紧确认",如图3-12所示。

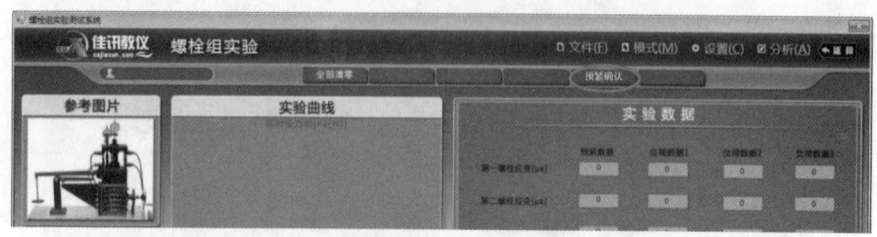

图3-12 预紧确认界面

(7)对该螺栓组添加载荷。放下加载杠杆,加一号砝码,同时确认软件中输入的负荷数(N)与实际所加的负荷相符合后,点击"负荷1实验",如图3-13所示,读出所有螺栓负荷应变值。

图3-13 负荷1实验界面

(8)加载二号砝码,点击"负荷2实验";加载三号砝码,点击"负荷3实验";软件将自动生成各螺栓的应变曲线。

(9)点击"分析(A)"和"实验报告(R)",如图3-14所示。

图3-14 实验报告界面

(10)然后在Excel、PDF、Word中选择任意一种进行导出,如图3-15所示。

3. 实验注意事项

(1)按键"全部清零"指将"负载"和"基准清零"数据清零。

(2)不能带电插拔信号插头,以免烧坏串口。

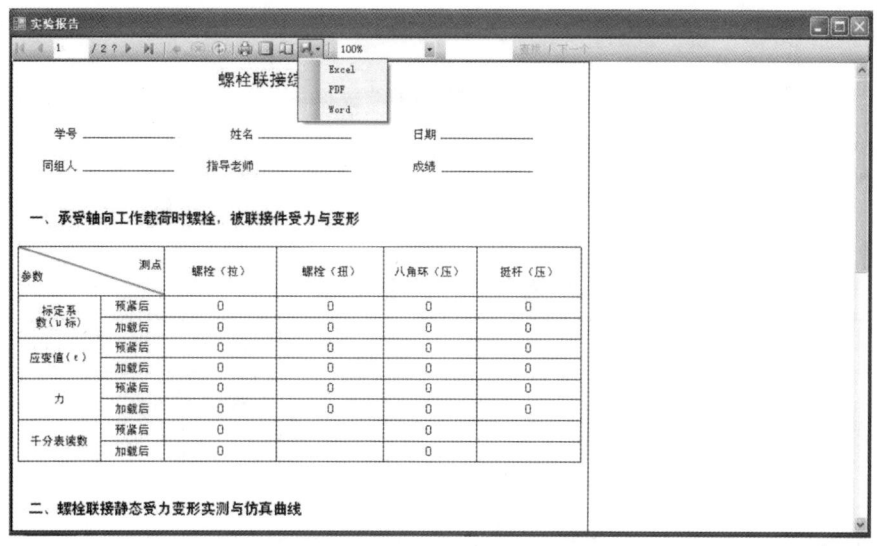

图 3-15　实验报告格式

（五）实验结果处理与分析

1. 螺栓组连接实测载荷计算

根据实测记录的各螺栓的应变量，计算各螺栓所受的总拉力 F_{2i}

$$F_{2i} = E\varepsilon_i A \tag{3-2}$$

式中：E 为螺栓材料的弹性模量（GP_a）；ε_i 为第 i 个螺栓在倾覆力矩作用下的拉伸变量；A 为螺栓测试段的截面积（m^2）。

根据 F_{2i} 绘出螺栓组连接实测载荷图。

2. 螺栓组连接理论载荷计算

砝码加载后，螺栓组受到横向力 Q（单位为 N）和倾覆力矩 M（单位为 N·m）的作用，即

$$Q = 75G + G_0 \tag{3-3}$$

$$M = QL \tag{3-4}$$

式中：G 为加载砝码重力（N）；G_0 为杠杆系统自重折算的载荷；L 为力臂长。

在倾覆力矩作用下，各螺栓所受的工作载荷 F_i

$$F_i = \frac{M}{\sum_{i=1}^{z} L_i} = F_{\max} \frac{L_i}{L_{\max}} \tag{3-5}$$

$$F_{\max} = \frac{ML_{\max}}{\sum_{i=1}^{z} L_i^2} \tag{3-6}$$

式中：z 为螺栓个数；$F_{\max}$ 为螺栓中的最大总拉力；L_i 为螺栓轴线到底板翻转轴线的距离。

(六)实验报告

螺栓组连接实验报告模板

学号：　　　　　　　姓名：　　　　　　　日期：

同组人：　　　　　　指导老师：　　　　　成绩：

表 1　螺栓组静态特性实验数据

螺栓号	1	2	3	4	5	6	7	8	9	10
预紧应变（$\mu\varepsilon$）										
第一次测试（$\mu\varepsilon$）										
第二次测试（$\mu\varepsilon$）										
第三次测试（$\mu\varepsilon$）										
平均值（$\mu\varepsilon$）										
负载应变（$\mu\varepsilon$）										
应力/1000										
预紧拉力 F_1（N）										
实验拉力 F_2（N）										
负荷拉力 ΔF（N）										

表 2　螺栓组连接静态受力变形实测与仿真曲线

理论曲线	实测曲线

第三章 验证性实验

(七)思考题

(1)在加载杠杆抬起和放下状态,螺栓组的受力情况分别是什么样的?受力最大的螺栓是哪个?

(2)螺栓受力的理论计算与实测的工作载荷间存在误差的原因有哪些?

(3)实验台上的螺栓组连接可能的失效形式有哪些?

第二节 液体动压滑动轴承实验

液体动压润滑轴承是利用轴颈与轴瓦的相对速度和表面与润滑油的黏附性能,将润滑油带入轴承间隙,建立压力油膜而把轴颈与轴瓦隔开的一种液体摩擦轴承。压力油膜形成机理、过程及必要条件,油膜压力的分布,摩擦系数及摩擦特性曲线等内容是机械设计中液体动压滑动轴承部分的重点及难点,通过本实验可以加深对上述理论知识的理解。

(一)实验目的

(1)观察径向滑动轴承动压润滑油膜的形成过程。

(2)测定和绘制径向滑动轴承动压油膜径向压力分布曲线和轴向压力分布曲线,了解影响油膜压力分布的因素。

(3)了解径向滑动轴承的摩擦系数 f 的测量方法和影响摩擦特性的因素。

(二)实验设备及工作(测量)原理

1. 实验台及其传动装置

本实验中使用的 JXH-D 滑动轴承实验台如图 3-16 所示。

图 3-16 JXH-D 滑动轴承实验台的实物图

实验台的传动装置结构如图 3-17 所示,直流电动机上装有一个小带轮,主轴上装有一个大带轮,通过"V"形带驱动主轴沿顺时针方向转动,由无级调速器实现直流电机的无级调速。实验台主轴转速范围为 3~500 r/min。在主轴大带轮侧面装有一个红外线测速装置,轴的转速由实验台前面板上的转速数码管直接读出。

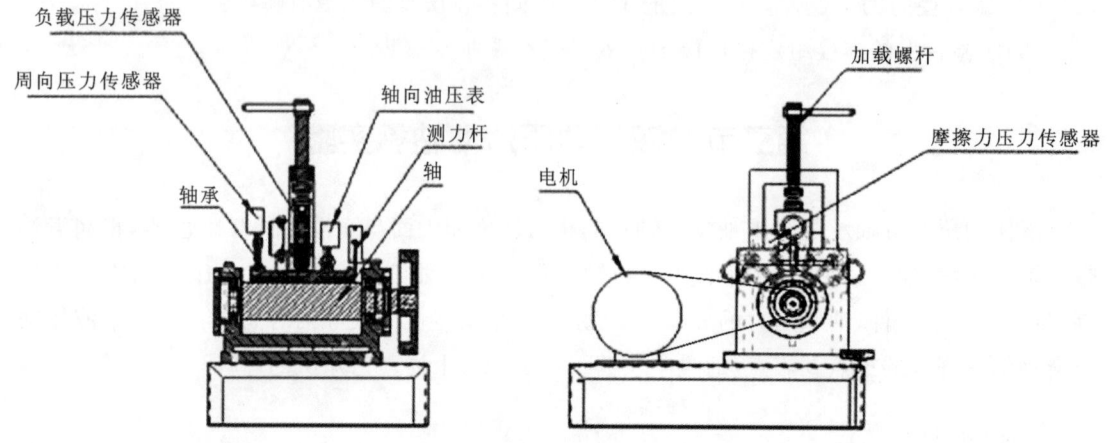

图 3-17 JXH-D 滑动轴承实验台传动装置结构图

2. 实验台主要技术参数

(1)主轴驱动系统:实验轴瓦内直径 $d = 60mm$,主轴调速范围为 3~500r/min,有效长度 $L = 110mm$,粗糙度 $1.6\mu m$,材料 ZQSn6-6-3,测力杆上测力点与轴承中心距离 $L = 120mm$。

(2)直流电动机:直流伺服电机数量 1 个,功率 355W/220V,调速范围 800~1500r/min。

(3)数显加载油膜压力测试系统:外载荷测力传感器 1 个,量程为 0~2000N,精度 0.03%,读数精度 0.2%;压力传感器(油膜压力)8 个,量程为 0~0.6 MPa,精度 0.1%。

(4)摩擦因素测试系统:摩擦力传感器 1 个,量程为 0~50 N,精度 0.03%。

(5)油温测试系统:温度传感器 1 套,量程为 -40~85℃,精度 0.5%。

(6)光电测速传感器 1 支;实验台外形尺寸 670mm×350mm×1100mm,质量 110kg。

3. 轴承与轴间隙中油膜压力测量装置

在轴瓦的一个径向平面内沿圆周钻有 7 个小孔,每个小孔沿圆周相隔 20°,每个小孔连接一个压力传感器,用来测量该径向平面内相应点的油膜压力,由此可绘制出径向油膜压力分布曲线。沿轴瓦的一个轴向剖面装有 2 个压力传感器,用来观察有限长度滑动轴承沿轴向的油膜压力分布情况。

4. 加载装置

通过旋转加载螺杆对轴承施加径向载荷。在实验台的箱体上装有一套螺旋装置和一个压力传感器,转动螺旋杆,压紧轴瓦外圆,从而对滑动轴承加载。力的大小通过负载传感器测出。改变螺旋杆的转动方向,即可改变载荷的大小,载荷值直接在实验台前面板上读出。这种加载方式的主要优点是结构简单、可靠,使用方便,载荷的大小可任意调节。但在启动电动机之前,一定要使滑动轴承处在零载荷状态,以免烧坏轴瓦。

油膜的压力分布曲线是在一定的载荷和一定的转速下绘制的。当载荷改变或主轴转速改变时所测量出的压力值是不同的,所绘出的压力分布曲线的形状也是不同的。转速的改变方法由无级调速器实现。载荷的改变方法由螺旋装置实现。

5. 摩擦系数 f 的测量装置

摩擦系数 f 的值可通过测量轴承的摩擦力矩得到。主轴瓦上装有测力杆,通过测力杆末端的压力传感器检测压力,利用单片机对数据进行处理可得到摩擦力矩值。轴转动时,轴对轴瓦产生周向摩擦力 F,其摩擦力矩为 $F \cdot d/2$,它使轴瓦翻转。轴瓦上安装的测力压头将力传递至压力传感器,测力传感器的检测值乘以力臂长 L,就可以得到摩擦力矩值,经计算就可得到摩擦系数 f 的值。

根据力矩平衡条件,可得

$$F\frac{d}{2} = LQ \tag{3-4}$$

式中:L 为测力杆的长度;Q 为作用在 A 处的反力。

设作用在轴上的外载荷为 W,则

$$f = \frac{F}{W} = \frac{2LQ}{Wd} \tag{3-5}$$

由于 $M_f = LQ$ 的值可直接读取,则

$$f = \frac{2M_f}{Wd} \tag{3-6}$$

径向滑动轴承的摩擦系数 f 随轴承的特性系数 λ 值的改变而改变。

$$\lambda = \eta n / p \tag{3-7}$$

式中:η 为油的动力黏度;n 为轴的转速;p 为压力,$p = W/Bd$,其中 W 为轴上的载荷,B 为轴瓦的宽度,d 为轴的直径。

如图 3-18 所示,可绘出摩擦特性曲线。在边界摩擦时,f 随 λ 的增大而变化很小(由于 n 值很小,建议用手慢慢转动轴),进入混合摩擦状态后,λ 的改变引起 f 的急剧变化,在刚形成液体摩擦时 f 达到最小值,此后,随 λ 的增大油膜厚度亦随之增大,因而 f 亦有所增大。

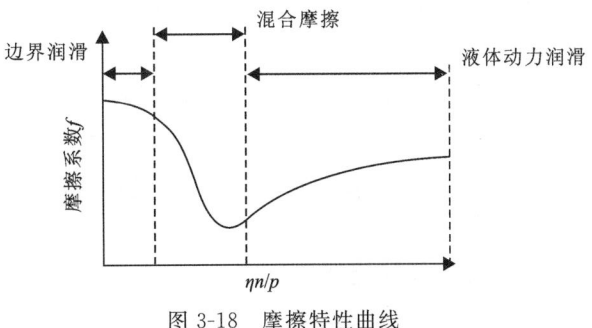

图 3-18 摩擦特性曲线

6. 摩擦状态指示装置

在摩擦状态指示装置中,当主轴不转时,可看到灯泡很亮。当主轴在很低的转速下运转时,轴将润滑油带入轴与轴瓦之间收敛形间隙内,但由于此时的油膜很薄,轴与轴瓦之间部分

微观不平度的凸峰处仍有接触,故灯忽亮忽暗。当轴的转速达到一定值时,轴与轴瓦之间形成的油膜厚度完全遮盖了两表面之间微观不平度的凸峰高度,油膜完全将轴与轴瓦隔开,灯泡熄灭。

7. 电气控制原理

(1)电机调速部分:该部分采用专用的由脉宽调(PWM)原理设计的直流电机调速电源,调节面板上的调速旋钮进行调速。

(2)显示测量控制部分:该部分由单片机(ARM)、A/D转换和RS-232接口组成。

(3)该仪器工作时,如果轴瓦和轴之间无油膜,则很可能烧坏轴瓦。为此设计了轴瓦保护电路,如无油膜时油膜指示灯亮,正常工作时油膜指示灯灭。

(三)实验内容

(1)在轴承载荷 $F=700N$ 时,分别测量轴承径向油膜压力和轴向油膜压力,绘制出径向和轴向油膜压力分布曲线,并求出轴承的实际承载量。

(2)测定轴承压力、轴转速、润滑黏度与摩擦系数之间的关系,用计算机进行数据处理,得出轴承 f-λ 曲线。

(3)液体动压轴承油膜压力径向分布的仿真分析:采用与实验台配套的仿真软件,通过数值仿真得到液体动压轴承油膜压力径向分布的仿真曲线,与实测曲线进行比较分析。

(4)液体动压滑动轴承摩擦特性曲线的测定:该实验装置根据轴承的工作载荷,通过压力传感器与A/D板采集和转换轴承的摩擦力矩,计算得出摩擦系数的特性曲线,了解影响摩擦系数的因素。

(四)实验步骤

1. 实验前的准备工作

(1)检查电源线,灰色的USB转串口通信线和传感器线是否正常连接,确保各线都连接正常。

(2)开机前,用汽油将油箱清理干净,加入40#机油至圆形油标中线;面板上调速旋钮逆时针旋到底(转速最低),加载螺旋杆旋至与负载传感器脱离接触。

(3)通电后,面板上液晶屏亮起,观察数据是否自动清零;如未清零,调节调零旋钮使其清零。

(4)旋转调速旋钮,使电机在 100～200r/min 运行,此时油膜指示灯应熄灭,稳定运行 3～4min。

2. 液体动压滑动轴承实验步骤

(1)启动电机,将轴的转速逐渐调整到一定值(推荐 300r/min),注意观察油膜指示灯亮度的变化情况,待油膜指示灯完全熄灭,此时已处于完全液体润滑状态。

(2)用加载装置分几次加载,等待加载稳定(推荐加载为700N,不要超过1000N)。
(3)打开电脑找到实验软件,点击进入,软件初始界面如图3-19所示。
(4)选择实验类别"油膜压力分析"(图3-19)。

图 3-19　液体动压滑动轴承实验初始界面

(5)点击"油膜压力分析",弹出串口设置框(图3-20),再点击"确定"进入串口设置界面。

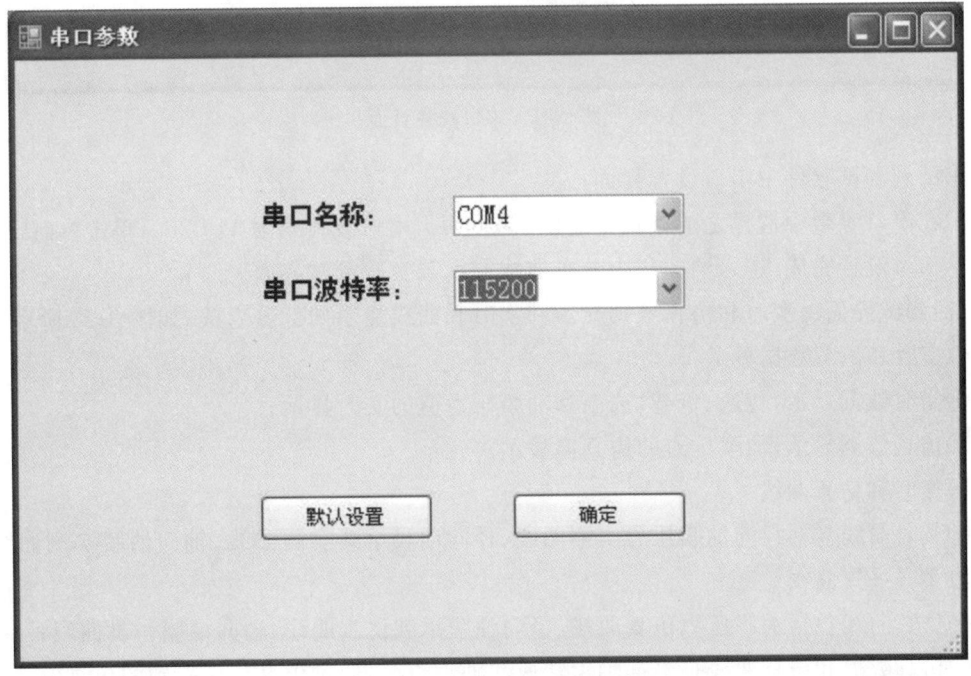

图 3-20　串口设置框

(6)设置通信串口(注意 PLC 灰色通信线必须连接正常)。

查找串口：

①在电脑桌面找到"我的电脑"，点击鼠标右键；

②选择"管理"；

③选择"设备管理器"，在设备管理器中找到"端口"项展开，观察 Prolific USB-to-Serial GPS Port(COM4)中( )内为 COM4，确定设备的串口为 COM4，如图 3-21 所示。

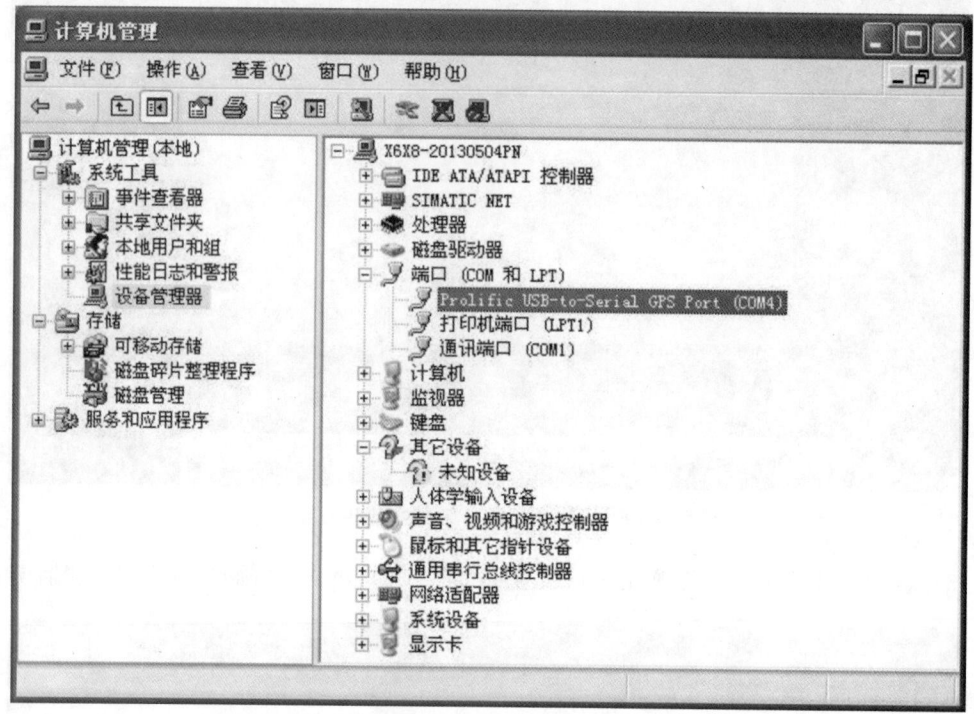

图 3-21 串口查找页面

④回到测试软件中串口设置界面；

⑤在串口参数中选择之前查找到的串口 COM4，串口波特率为 115 200，单击"确认"；

⑥串口设置完成，进入油膜压力分布曲线与承载实验测试界面。

(7)测试界面由实时和仿真数据显示和实时和曲线显示两部分组成，如图 3-22 所示。

a)实时和仿真数据显示

①实时数据显示，转速、负载、油温和油膜压力值的实时显示；

②仿真数据显示，油膜压力的仿真值显示。

b)实时和仿真曲线

①实时曲线包括径向油膜压力实测曲线、径向油膜承载实测曲线、轴向油膜实测曲线、油膜压力实时采集曲线；

②仿真曲线包括油膜压力仿真曲线、径向油膜承载仿真曲线、轴向油膜仿真曲线；

③仿真数据和仿真曲线是根据轴承转速和轴承载荷，通过仿真计算得到的仿真值；

(8)待数据稳定后，在数据采样栏(图 3-23)点击"稳定取值"，然后点击"生成报告"将自动生成实验报告。

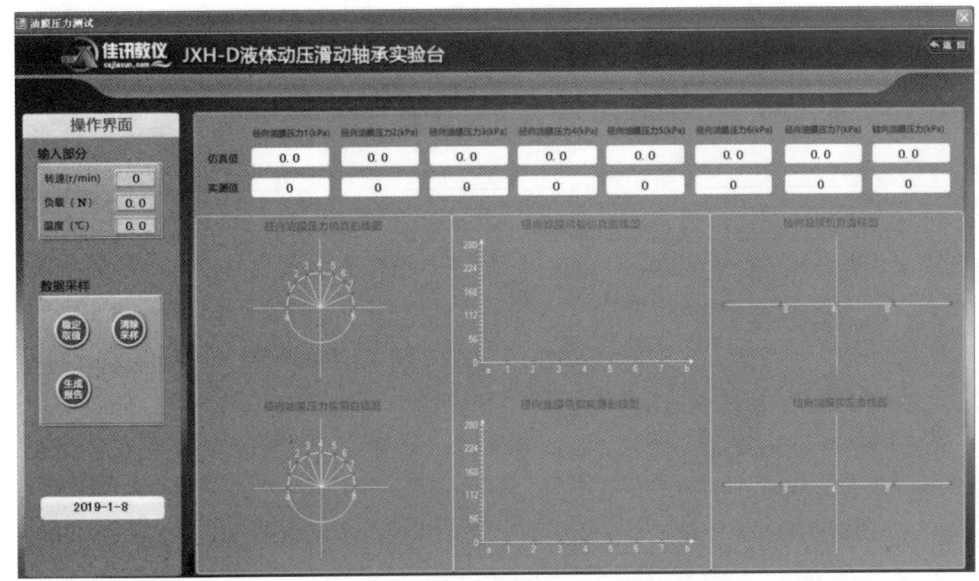

图 3-22　油膜压力测试界面

图 3-23　数据采样栏

(9)然后在 Excel、PDF、Word 中选择任意一种进行导出,如图 3-24 所示。

3. 摩擦特性分析实验

(1)点击"摩擦特性分析",弹出串口设置框,再点击"确定"进入串口设置界面。

(2)在串口参数中选择先前查找到的串口 COM4,串口波特率为 115 200,单击"确认";串口设置完成,进入摩擦系数 f 测试实验界面。

(3)调节旋钮降低转速,注意随时调整加载杆,使外加载荷保持在 700 N 水平上,依次通过点击数据采样栏的"描点"来记录转速为推荐值 300r/min、250r/min、200r/min、150r/min、100r/min、50r/min、15r/min、2r/min 时的实验数据(图 3-25)。

(4)数据记录完成后,将负载卸掉,在面板上将调速旋钮逆时针选到底(无转速)。

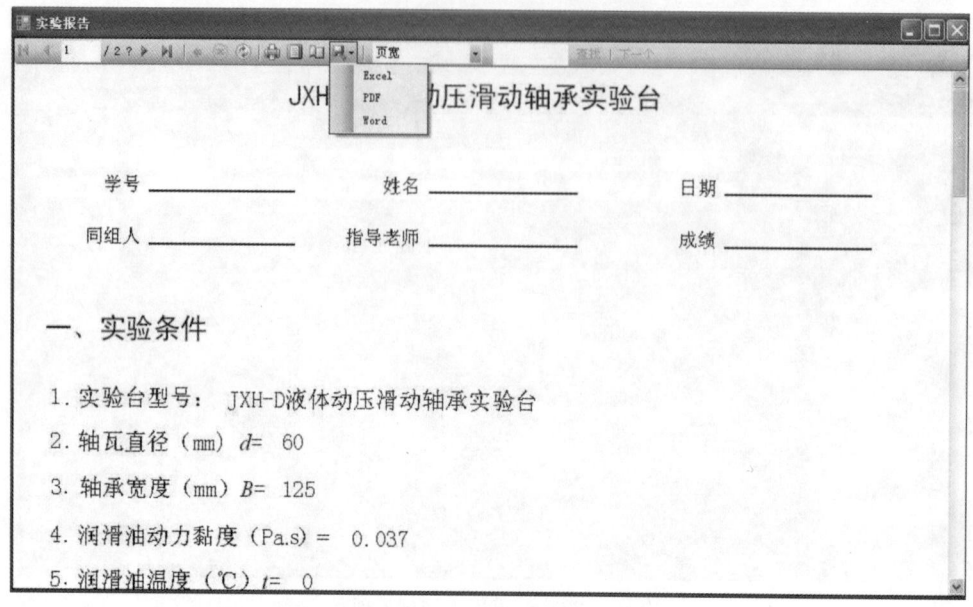

图 3-24 实验报告导出界面

(5)点击数据采样栏的"生成曲线",将自动描绘出实验曲线,点击"生成报告"将自动生成实验报告。

图 3-25 数据采样栏界面

(6)实验报告输出界面如图 3-26 所示,在 Excel、PDF、Word 中选择任意一种进行导出。

(7)在控制面板上关闭电源开关,试验台整理归位,实验完成。

4. 实验注意事项

(1)由于主轴和轴瓦加工精度高,配合间隙小,使用的润滑油必须是经过过滤的清洁机油,使用过程中严禁灰尘与金属屑进入油内。

(2)外加载荷传感器所加负载不允许超过 1000N,以免损坏负载传感器元件。

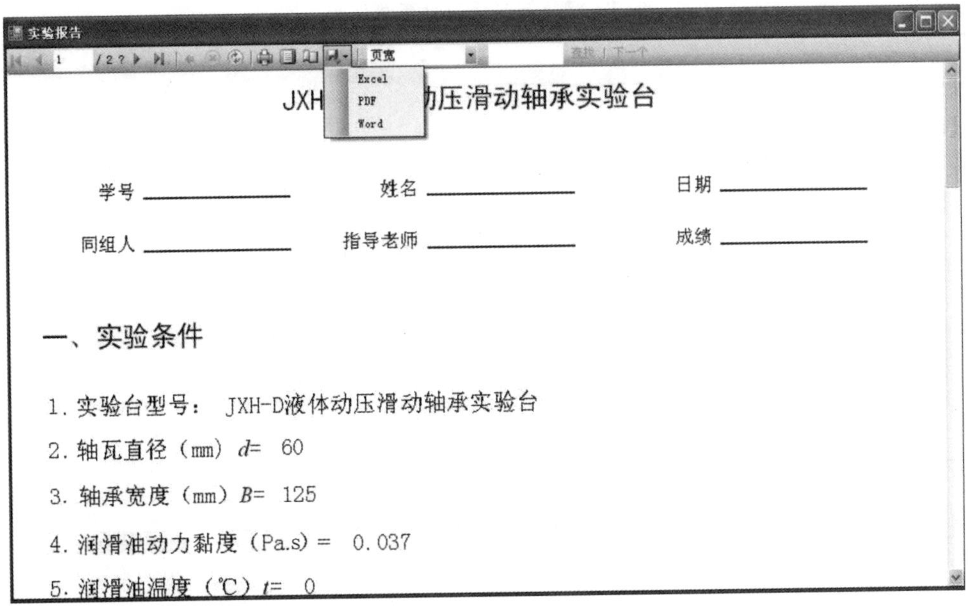

图 3-26 实验报告输出界面

(3)机油牌号的选择可根据具体环境、温度,在10♯～40♯内选择。

(4)为防止主轴瓦在无油膜运转时烧坏,在面板上装有无油膜报警指示灯,正常工作时指示灯是熄灭的,严禁在指示灯亮时主轴高速运转。

(5)做摩擦特征曲线实验,应从较高转速(300r/min)降速往下做。加载的外载荷在600～800N 内选择一定值,并在整个过程中,保持这一定值至结束实验。

(五)实验报告

液体动压滑动轴承实验报告模板

学号:　　　　　　姓名:　　　　　　日期:

同组人:　　　　　指导老师:　　　　成绩:

1. 实验条件

(1)实验台型号:
(2)轴瓦直径(mm)d:
(3)轴承宽度(mm)B:
(4)润滑油动力黏度(Pa·s):
(5)润滑油温度(℃)t:

2. 轴承油膜压力实验数据记录表与曲线

转速(r/min)$n=$　　　　　　负载(N)$F=$

表 1　轴承油膜压力分布数据表

压力表号	1	2	3	4	5	6	7	8
压强(MPa)								

表 2　径向油膜压力分布曲线

径向油膜压力分布曲线
径向油膜承载曲线

表 3　轴向油膜压力分布曲线

轴向油膜压力曲线

3. 轴承摩擦特性实验数据记录表与曲线

表 4　轴承摩擦特性曲线数据表

n (r/min)	载荷 F		
	F_c	f	λ

表 5　摩擦特性曲线

（六）思考题

(1) 形成动压油膜的必要条件是什么？动压油膜承载能力取决于哪些因素？
(2) f-n 曲线与 f-λ 曲线有何不同？
(3) 根据 f-λ 曲线阐述轴承摩擦状态是如何转化的？摩擦因数变化的规律怎样？不同摩擦状态下摩擦因数大致变动范围如何？
(4) 润滑油温度对润滑油特性有何影响？黏温曲线是如何绘制的？
(5) 在油膜状态下，为什么轴的转速提高而摩擦系数 f 会增大呢？

第三节 减速器拆装实验

减速器是一种由封闭在刚性壳体类的齿轮传动、蜗杆传动、齿轮－蜗杆传动及行星齿轮传动、摆线针轮传动、谐波齿轮传动等所组成的独立传动装置，常用在原动机与工作机之间，用来降低转速和相应地增大转矩。

减速器的种类繁多，但其基本机构有很多相似之处。减速器的结构、拆装方法及主要零部件的加工工艺性，在机械产品中具有典型的代表性，作为机械类学生有必要熟悉减速器的结构与设计。

（一）实验目的

(1) 通过实际拆装各种减速器，熟悉减速器的基本结构，了解各组成零部件的结构及功用，并分析其结构工艺性。
(2) 了解减速器的安装、拆卸、调整过程及方法，理解各种零件的结构和相互间的位置关系。
(3) 学习减速器主要参数的测定方法。
(4) 增加对整体机械产品的感性认识，为课程设计的顺利进行打下基础。

（二）实验设备及工作（测量）原理

1. 实验设备及工具

拆装实验用减速器系列（共有 7 种），如图 3-27 所示。进行拆装实验时，所需的工具有活动扳手、螺丝刀、木槌、钢尺等。

(1) 单级圆柱齿轮减速器。
(2) 单级圆锥齿轮减速器。
(3) 圆锥圆柱齿轮减速器。
(4) 展开式双级圆柱齿轮减速器。
(5) 同轴式双级圆柱齿轮减速器。
(6) 分流式双级圆柱齿轮减速器。
(7) 蜗杆蜗轮减速器。

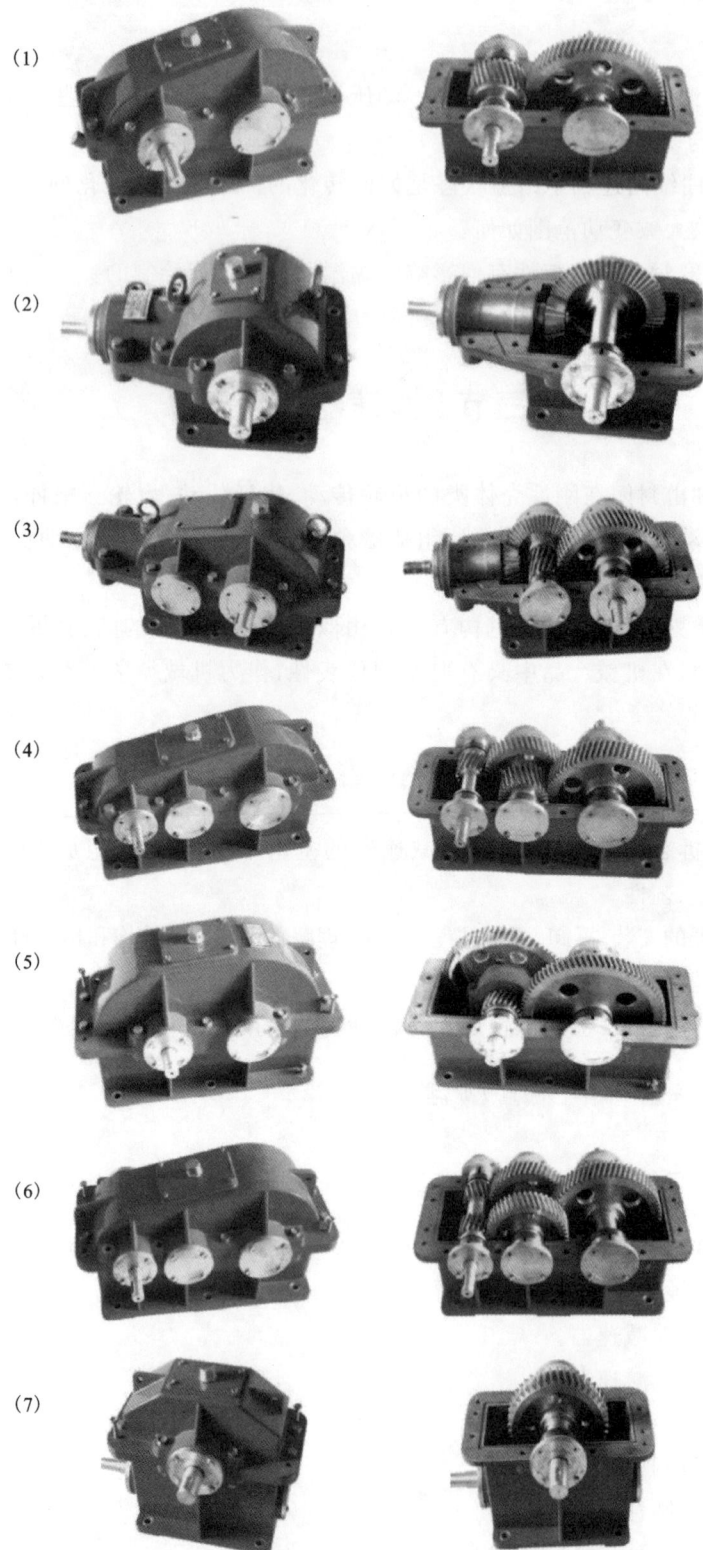

图 3-27 装拆实验用减速器(左侧为外观图,右侧为内部图)

2. 实验原理

首先由实验指导老师对几种不同类型的减速器现场进行结构分析、介绍,并对其中一种减速器的主要零、部件的结构及加工工艺过程进行分析、讲解及介绍。再由学生分组进行拆装,指导老师解答学生们提出的各种问题。在拆装过程中学生们进一步观察了解减速器的各零、部件的结构、相互间配合的性质、零件的精度要求、定位尺寸、装配关系及齿轮、轴承润滑、冷却的方式及润滑系统的结构和布置;输出、输入轴与箱体间的密封装置与轴承工作间隙调整方法及结构等。

(三)实验内容

(1)了解减速器的整体结构及工作要求。
(2)了解减速器的箱体零件、轴、齿轮等主要零件的结构及加工工艺。
(3)了解减速器主要部件及整机的装配工艺。
(4)了解齿轮、轴承的润滑、冷却及密封。
(5)通过自己动手拆装,了解轴承及轴上零件的调整、固定方法及消除和防止零件间发生干涉的方法。
(6)了解拆装工具与减速器结构设计间的关系,为课程设计做好前期准备。

(四)实验步骤

1. 观察外形及外部结构

(1)观察外部附件,分清哪个是起吊装置,哪个是定位销、起盖螺钉、油标、油塞,它们各起什么作用?布置在什么位置?
(2)箱体、箱盖上为什么要设计筋板?筋板的作用是什么,如何布置?
(3)仔细观察轴承座的结构形状,应了解轴承座两侧连接螺栓如何布置,支承螺栓的凸台高度及空间尺寸如何确定?
(4)铸造成型的箱体最小壁厚是多少?如何减轻其质量及表面加工面积?
(5)箱盖上为什么要设置铭牌?目的是什么?铭牌中有什么内容?

2. 拆卸观察孔盖

(1)观察孔起什么作用?应布置在什么位置及设计多大才是适宜的?
(2)观察孔盖上为什么要设计通气孔?孔的位置应如何确定?

3. 拆卸箱盖

(1)拆卸轴承端盖紧固螺钉(嵌入式端盖无紧固螺钉)。
(2)拆卸箱体与箱盖联连螺栓,起出定位销钉,然后拧动起盖螺钉,卸下箱盖。
(3)在用扳手拧紧或松开螺栓螺母时扳手至少要旋转多少度才能松紧螺母?这与螺栓中

心到外箱壁间距离有何关系?设计时距离应如何确定?

(4)起盖螺钉的作用是什么?与普通螺钉结构有什么不同?

(5)如果在箱体、箱盖上不设计定位销钉将会产生什么样的严重后果?为什么?

4. 观察减速器内部各零部件的结构和布置

(1)箱体与箱盖接触面为什么没有密封垫?如何解决密封?箱体的分箱面上的沟槽有何作用?

(2)看清被拆的减速器内的轴承是油剂还是脂剂润滑,若采用油剂润滑,应了解润滑油剂是如何导入轴承内进行润滑的?若采用脂剂润滑,应了解如何防止箱内飞溅的油剂及齿轮啮合区挤压出的热油剂冲刷轴承润滑脂?了解两种情况的导油槽及回油槽应如何设计?

(3)轴承在轴承座上的安放位置离箱体内壁有多大距离?在采用不同的润滑方式时距离应如何确定?

(4)目测一下齿轮与箱体内壁的最近距离,设计时距离的尺寸应如何确定?

(5)用手轻轻转动高速轴,观察各级啮合时齿轮有无侧隙?并了解侧隙的作用。

(6)观察箱内零件间有无干涉现象,并观察结构中是如何防止和调整零件间相互干涉的。

(7)观察调整轴承工作间隙(周向和轴向间隙)结构,在减速器设计时采用不同轴承应如何考虑调整工作间隙装置?应了解轴承内孔与轴的配合性质,轴承外径与轴承座的配合性质。

(8)设计时应考虑如何对轴的热膨胀进行自行调节?

(9)测量各级啮合齿轮的中心距。

5. 从箱体中取出各传动轴部件

(1)观察轴上大、小齿轮结构,了解大齿轮上为什么要设计工艺孔?目的是什么?

(2)轴上零件如何实现周向和轴向定位、固定?

(3)各级传动轴为什么要设计成阶梯轴而不设计成光轴?设计阶梯轴时应考虑什么问题?

(4)采用直齿圆柱齿轮或斜齿圆柱齿时各有什么特点?在选择轴承时应考虑什么问题?

(5)计算各齿轮齿数、各级齿轮的传动比,思考高、低各级传动比是如何分配的?

(6)测量大齿轮齿顶圆直径 d_a,估算各级齿轮模数 m,测量最大齿轮处箱体分箱面到内壁底部的最大距离 H,并计算大齿轮的齿顶(下部)与内壁底部距离 $L=H-1/2d_a$,L 值的大小会影响什么?设计时应根据什么来确定 L 值?

(7)观察输入轴、输出轴的伸出端与端盖采用什么形式的密封结构。

(8)观察箱体内油标(油尺)、油塞的结构及布置,设计时应注意什么?油塞的密封如何处理?

6. 装配

(1)检查箱体内有无零件及其他杂物留在箱体内后,擦净箱体内部。将各传动轴部件装入箱体内。

(2)将嵌入式端盖装入轴承压槽内,并用调整垫圈调整好轴承的工作间隙。

(3)将箱内各零件用棉纱擦净,并涂上机油防锈,再用手转动高速轴,观察有无零件干涉。无误后,经指导老师检查后合上箱盖。

(4)松开起盖螺钉,装上定位销,并打紧。装上螺栓、螺母用手逐一拧紧后,再用扳手分多次均匀拧紧。

(5)装好轴承小盖,观察所有附件是否都装好。用棉纱擦净减速器外部,放回原处,摆放整齐。

(6)清点好工具,擦净后交还指导老师验收。

(五)实验报告

减速器拆装实验报告模板

减速器名称:　　　　　　班级　　　　　　　　　日期:

同组人:　　　　　　　　指导老师:　　　　　　成绩:

名称		符号	减速器型式及尺寸	
			齿轮减速器	蜗轮减速器
大齿轮顶圆(蜗轮外圆)与箱体内壁距离		Δ		
齿轮端面(蜗轮端面)与箱体内壁距离		Δ_1		
轴承安装位置离箱体内壁有多大距离		l_2		
齿轮传动的齿侧间隙		j_{t0}		
中心距	第1级	a_1		
	第2级	a_2		
齿轮齿数	1	Z_1		
	2	Z_2		
	3	Z_3		
	4	Z_4		
齿轮传动比	第1级	i_1		
	第2级	i_2		
大齿轮外径	第1级	D_{a2}		
	第2级	D_{a4}		
齿轮法面模数	第1级	m_n		
	第2级	m_n		
中心高		H		

(六)思考题

(1)轴上零件是如何定位和固定的?

(2)滚动轴承在安装时为什么要留出轴向间隙?应如何调整?

(3)箱体的中心高度的确定应考虑哪些因素?

(4)减速器中哪些零件需要润滑?如何选择润滑剂?润滑方式对箱体结构设计有哪些影响?

第四节 XY-2 钻机虚拟仿真实验

(一)实验目的

(1)认识 XY-2 钻机及其主要机械传动部件,了解其工作原理。

(2)了解该型钻机的操作流程及传动部件的工作状态。

(二)实验设备及工作原理

XY-2 型钻机是一种中浅孔岩心钻机。它既可用于硬质合金钻头、金刚石钻头进行小口径岩心钻探,又可用于金刚石钻头进行工程地质勘察、水文、水井以及大口径的工程施工钻进及锚固孔施工。它具有体积小、质量轻、装机功率大、性能广泛、通用性强等特点。该钻机的动力可配用电动机或柴油机,外形如图 3-28 所示。

图 3-28 XY-2 型钻机外形图

钻机主要的技术参数及特点如下：

(1)钻机具有较多(8档)的转速级数和合理的转速范围(当动力机转速为1500r/min时,钻机的最高转速为1172r/min、最低转速为65r/min),且低速扭矩比较大,使用范围广。

(2)钻机具有两档反转速度(51r/min、242r/min),便于处理事故。

(3)钻机的装机功率大。

(4)钻机立轴进给行程长达600mm,有利于提高钻进效率,减少堵钻、烧钻事故的发生。

(5)钻机体积小,质量轻,可拆卸性好,其不含动力机的总质量仅950kg。它可分解成8个部件搬运,最大部件质量为140kg。搬迁运输方便,特别有利于山区和水网地区工作。

(6)钻机除有常闭式液压上卡盘外,还可以配置机械式手动下卡盘。

(7)移车平稳,固定简单可靠,高速钻进稳定性好。

(8)钻机采用双联油泵供油,功率损耗小,液压系统油温较低。

(9)钻压表采用了充油防震结构,钻压值刻度简单、指示准确,仪表寿命长。

(10)钻机的操作手柄少,布局合理,操作灵活可靠。

(11)钻机除可进行高速钻进外,也可进行低速大口径钻进。

XY-2型钻机的总体结构见图3-29。它由立轴及液压卡盘1、回转器2、分动箱3、卷扬机4、变速箱5、离合器及动力6、液压系统和机架7等主要部件组成。其中机架由上机架和底座构成,液压系统安装在机架内。为了方便钻机的拆卸和安装,各部件之间采用花键、弹性联轴器、万向联轴器和止口压板等连接结构。钻机分拆搬运时,可以分解为动力机及离合器、变速箱、分动箱、卷扬机、回转器、立轴及液压卡盘、钻机上机架、底座共8个部分。下面将具体分析介绍。

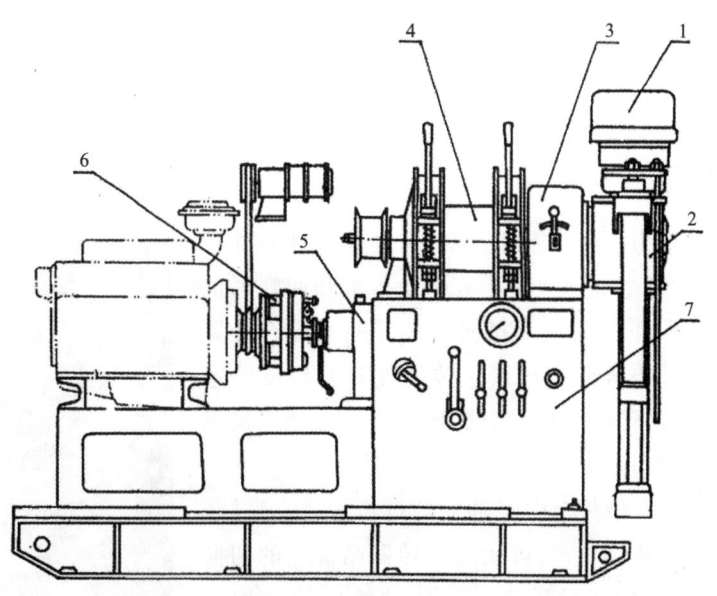

1.立轴及液压卡盘;2.回转器;3.分动箱;4.卷扬机;5.变速箱;6.离合器及动力;7.液压系统和机架。

图3-29 XY-2型钻机结构图

1. 立轴及液压卡盘

立轴及液压卡盘位置如图 3-29 中 1 所示,立轴及液压卡盘的功能主要是携带钻杆进行进给运动,液压卡盘可以将钻杆夹住或松开,立轴可在行程范围内上下移动,在立轴和液压卡盘的配合下,钻杆也跟随立轴上下移动,从而实现钻杆的进给运动。

2. 回转器

回转器位置如图 3-29 中 2 所示,回转器的主要功能是带动钻杆进行旋转运动,配合立轴及液压卡盘实现钻杆的钻进。卡盘和回转器的模型见图 3-30。

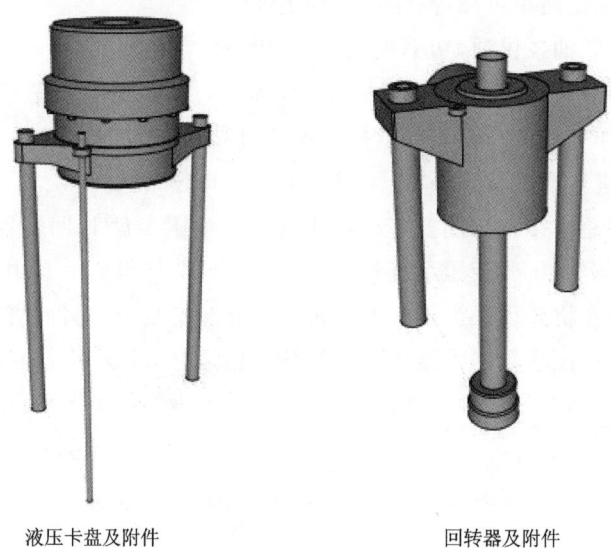

液压卡盘及附件　　　　　　回转器及附件

图 3-30　卡盘和回转器的模型

3. 分动箱

该钻机的分动箱为一个两级变速箱,其位置如图 3-29 中 3 所示。通过其分动手柄的操纵,可实现卷扬机和回转器的同时运动或回转器停止转动仅卷扬机转动。适当配合减速箱操纵手柄,可使回转器得到八级正转速度和两级反转速度,卷扬机得到四级正转速度和一级反转速度。分动箱操纵手柄定位及指示标牌如图 3-31 所示。

分动箱动力经输入轴传至中间轴上的过桥齿轮,通过一个可移动齿轮的不同啮合方式,可实现回转器高低速的切换以及卷扬机和回转器的联动等功能。分动箱内部结构见图 3-32,分动箱齿轮系模型见图 3-33。

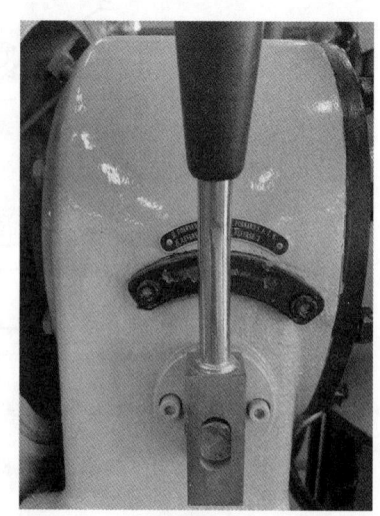

图 3-31　分动箱操纵手柄定位及指示标牌图

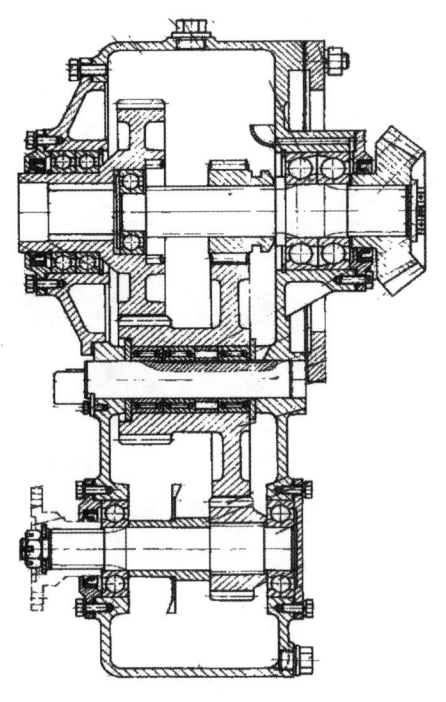

图 3-32 分动箱内部结构图

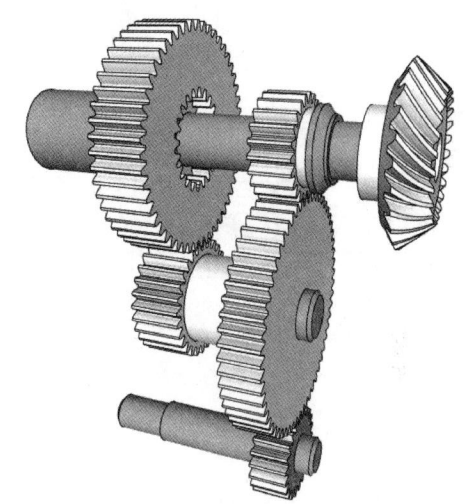

图 3-33 分动箱齿轮系模型

4. 卷扬机

该钻机的卷扬机为一典型的行星齿轮传动机构,其位置如图 3-29 中 4 所示。它主要用于提升、下降钻具或起、下套管。

5. 变速箱

如图 3-29 中 5 所示,该钻机的变速箱为一典型的四速(四档正转一档反转)变速机构,主要用于回转器的变速。它采用了一种集中操纵变速手柄,其各挡位如图 3-34 所示。操作中可根据工作需要,操纵变速手柄于相应位置,选择所需的转速挡。

变速箱内部结构如图 3-35 所示,轮系的三维模型见图 3-36。该变速箱为四速变速箱,其动力由动力机经离合器输入,输出轴通过万向联轴器与分动箱输入轴相连。

图 3-34 变速箱操纵手柄位置

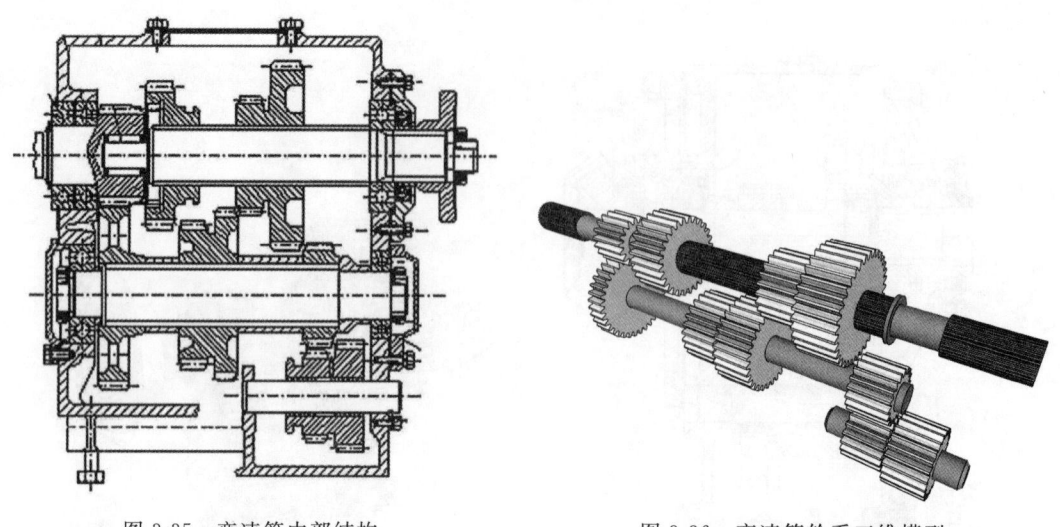

图 3-35 变速箱内部结构　　　　图 3-36 变速箱轮系三维模型

6. 离合器及动力

XY-2 钻机可选配柴油机或电动机作为动力,离合器用于切断或连接动力。如图 3-29 中 6 所示,该钻机的离合器为一典型的干式双片弹簧压紧常闭式摩擦离合器,它的分离或接合是通过操纵离合器手柄来实现的。手柄装在定位板内,搬动手柄向上为离合器"分离",传到变速箱的动力被切断;搬动手柄向下为离合器"接合",动力传到变速箱。离合器手柄操纵位置如图 3-37 所示。

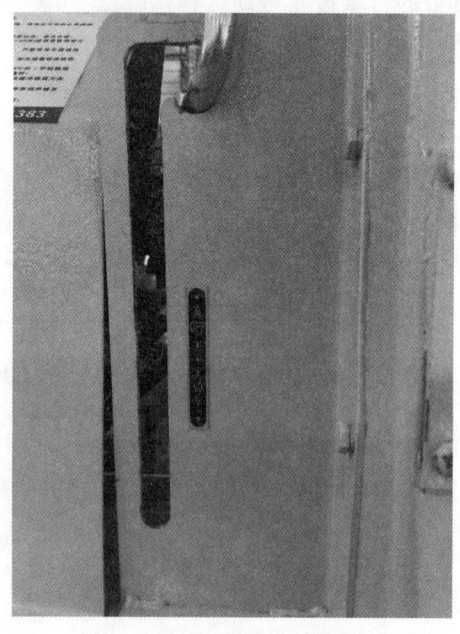

图 3-37 离合器操纵手柄位置

7. 液压系统

液压系统控制钻机的加、减压钻进,立轴倒杆、停止、钻具称重,钻机前后移动,液压卡盘的夹紧或松开钻具。由于本系统主要是对钻机的机械部件进行模拟,所以对液压系统不做仿真建模。

8. 机架

机架是整个钻机的结构主体,它承载了上述所有部件。钻机机架模型见图 3-38。

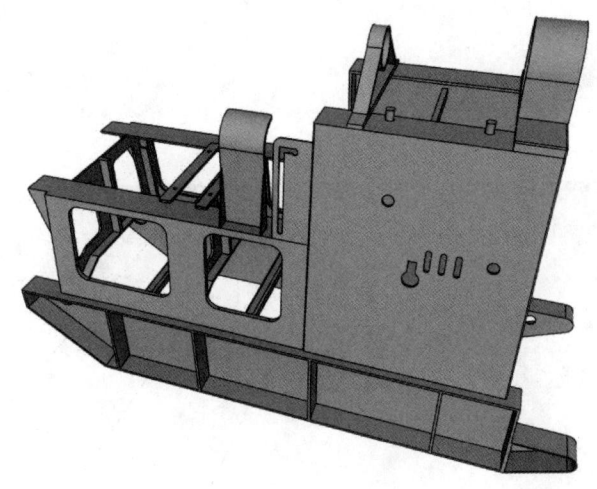

图 3-38　钻机机架模型

(三)实验内容

(1)钻机传动原理学习,主要是分动箱和变速箱的传动原理。
(2)钻机操作学习。

(四)实验步骤

(1)参观 XY-2 钻机,初步了解其整体功能、部件布局、操作手柄等。
(2)在电脑上打开 XY-2 钻机虚拟仿真系统,按页面提示进行按键操作,了解分动箱、减速箱传动原理,了解钻机的操作过程。

由于变速箱与分动箱的不同挡位组合,回转器一共可以获得八级正转速度和两级反转速度,除此外,离合器、变速箱、分动箱都能使回转器失去动力停止旋转。综上,各个功能按键分配如下:键盘 1、2、3、4、9、0 分别代表变速箱一挡、二挡、三挡、四挡、倒挡、空挡;键盘 5、6、7 分别代表分动箱低速挡、中间挡、高速挡;键盘 R、T 分别代表离合器关闭、松开。

钻机的其他动作按键分配参看系统页面提示,此不赘述。

图 3-39～图 3-44 展示了 XY-2 钻机虚拟仿真系统的工作状态页面。

图 3-39 系统初始状态

图 3-40 立轴移动并携带钻杆与提引器下降

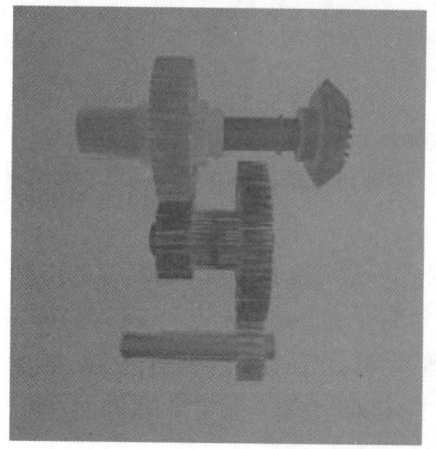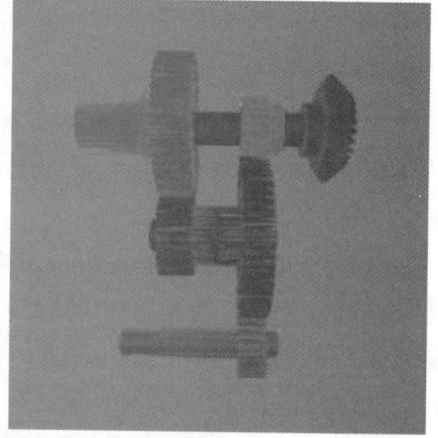

图 3-41 分动箱内部不同工作状态

第三章 验证性实验

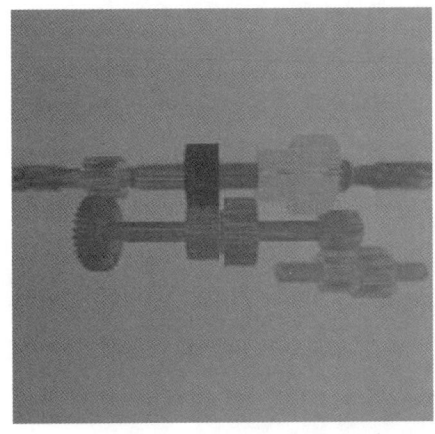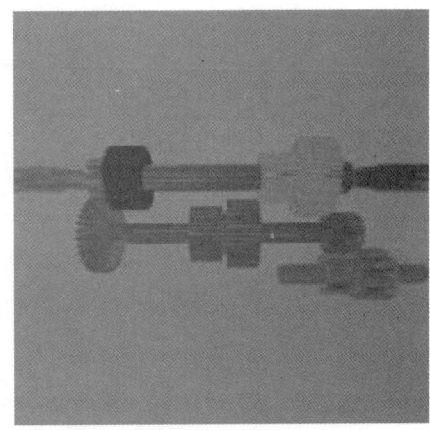

图 3-42 变速箱内部不同工作状态

图 3-43 移动钻机并更换钻杆

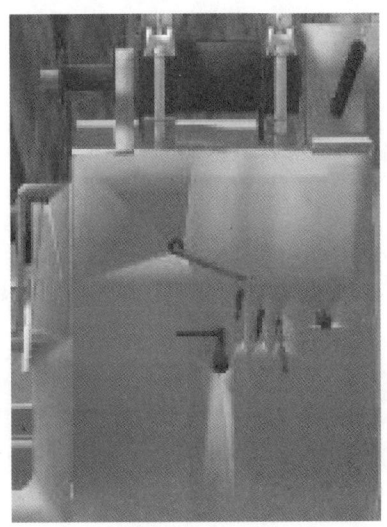

图 3-44 钻机各手柄操作位置

(五)实验报告

(1)画出分动箱的传动机构简图。
(2)画出减速箱的传动机构简图。

第四章 综合性实验

第一节 轴系结构设计实验

轴系结构设计涉及的内容较多,设计方案也较多,如轴上零件定位和固定方式,轴承组合设计及其调整、润滑、密封方法等。本次"轴系结构设计实验"的实验器材为一套创意组合式铝轴系结构设计及仿真实验箱,学生通过虚拟实验和实物实验两次实验,经过轴系结构的设计、装配、调整、拆卸等实践过程,不仅可以增强他们对轴系零部件结构的感性认识,提高计算机应用能力和动手能力,还能够帮助他们深入理解轴的结构设计及轴承组合设计的基本要领,综合创新轴系结构设计方案,达到提高创新设计能力、工程实践能力和计算机应用能力的目的。

(一)实验目的

(1)熟悉和掌握轴的结构及其设计。
(2)掌握轴上零部件常用的轴向及周向定位与固定方法。
(3)掌握轴承组合设计的基本方法。
(4)综合创新轴系结构设计方案。

(二)实验内容

本实验箱提供的零部件可组装出轴系结构设计方案 7 类(图 4-1~图 4-7),共 408 种。指导教师可根据表 4-1 选择安排实验内容,也可由学生在表 4-1 中填空选择,实现全班每个学生设计方案不重样。

表 4-1 轴系结构设计方案选择表

类别	示意简图	已定结构特点	齿轮或轴承组合	润滑方式及油环			透盖密封方式				联轴器	
				油润滑		脂	凸缘式		嵌入式		A型	B型
				挡油环	无油环	甩油环	毡圈式	迷宫式	毡圈式	间隙式		
Ⅰ类		两深沟球轴承支撑	小直齿圆柱齿轮									
			大直齿圆柱齿轮									
Ⅱ类		两角接触球轴承正装，双支点双向固定	小斜齿圆柱齿轮									
			大斜齿圆柱齿轮									
Ⅲ类		两圆锥滚子轴正装，双支点双向固定	小斜齿圆柱齿轮									
			大斜齿圆柱齿轮									
Ⅳ类		两圆锥滚子轴正装，双支点双向固定，圆锥齿轮悬臂安装	圆锥齿轮与轴分体									
			圆锥齿轮与轴一体									
Ⅴ类		两圆锥滚子轴反装，双支点双向固定，圆锥齿轮悬臂安装	圆锥齿轮与轴分体									
			圆锥齿轮与轴一体									
Ⅵ类		两向心推力轴承正装，双支点单向固定	两角接触球轴承									
			两圆锥滚子轴承									
Ⅶ类		单支点双向固定，固定支点为两正装角接触球轴承	游动点为一深沟深轴承									
			动点为一圆柱滚子轴承									

第四章 综合性实验

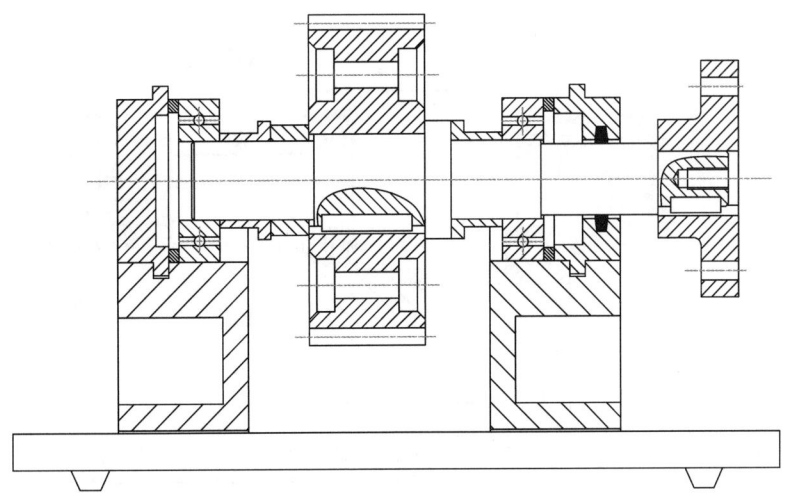

图 4-1 第Ⅰ类轴系结构设计方案图

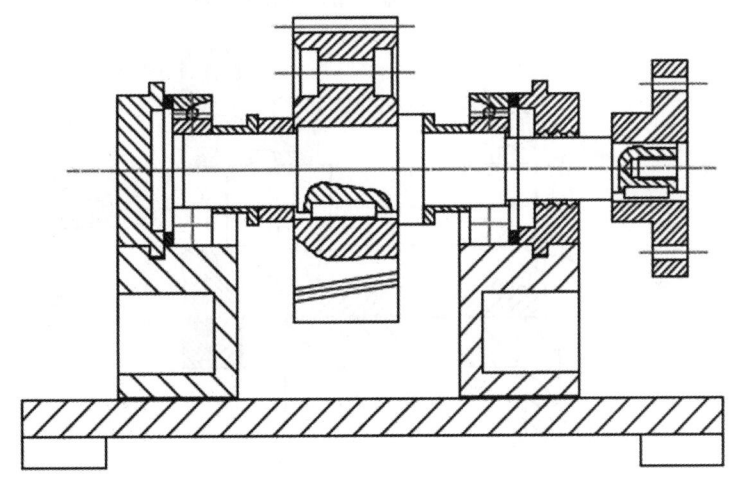

图 4-2 第Ⅱ类轴系结构设计方案图

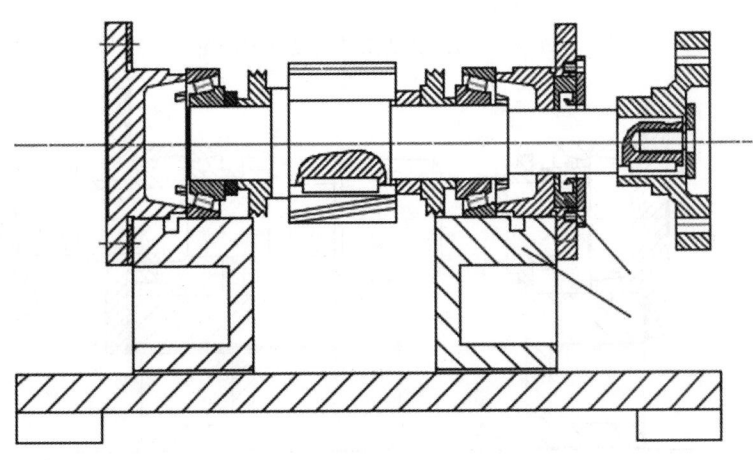

图 4-3 第Ⅲ类轴系结构设计方案图

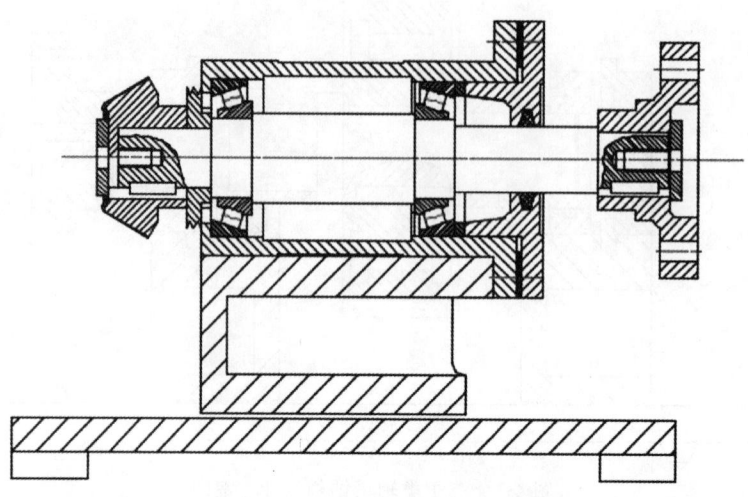

图 4-4 第Ⅳ类轴系结构设计方案图

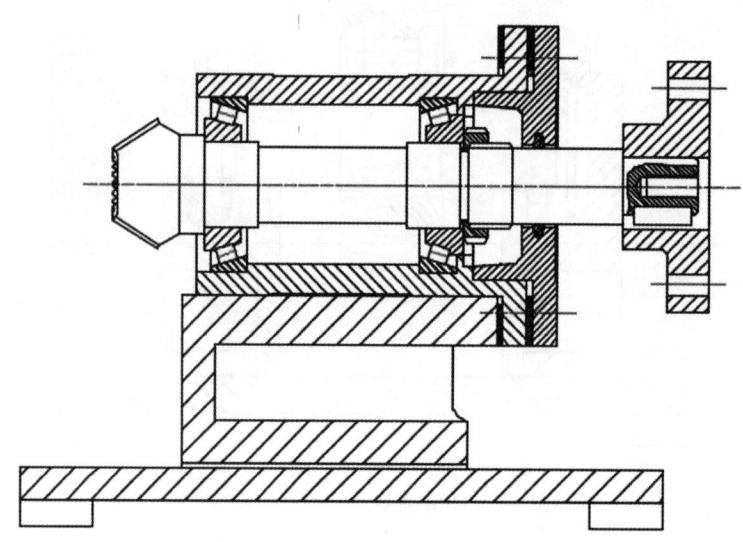

图 4-5 第Ⅴ类轴系结构设计方案图

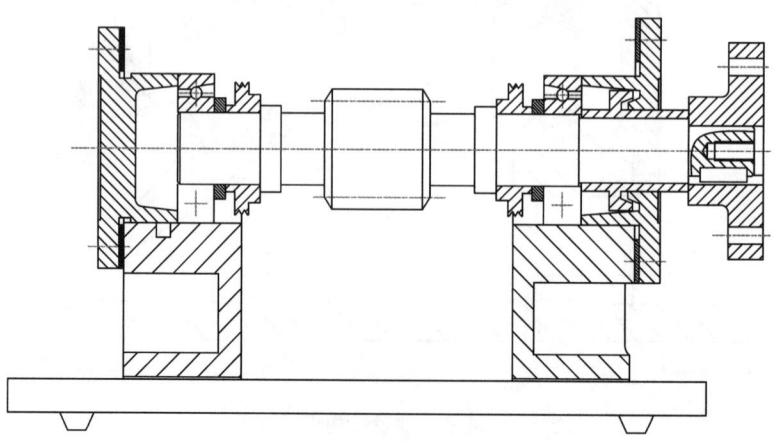

图 4-6 第Ⅵ类轴系结构设计方案图

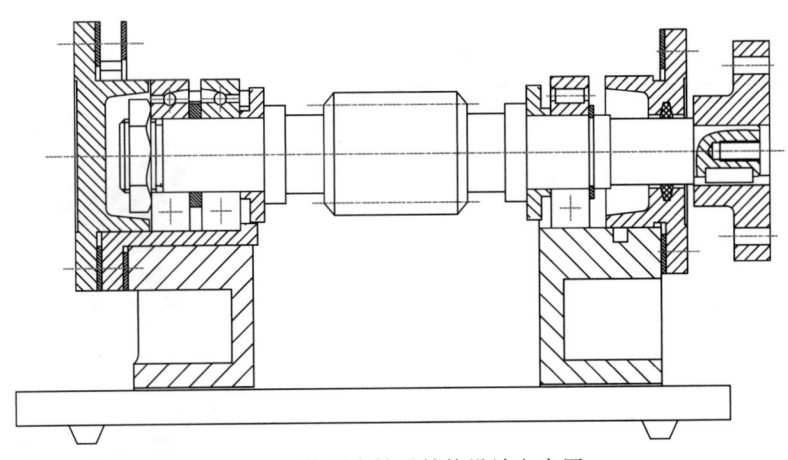

图 4-7　第Ⅷ类轴系结构设计方案图

实验内容包括：

(1) 轴系结构设计及搭接实验。确定设计方案，即确定所用轴承类型、轴上零部件种类、轴承组合设计方案及其调整、润滑、密封方式，轴上零部件的轴向、周向定位与固定方法等，并绘制轴系结构设计装配图。

(2) 分析不同的轴承配置形式对轴系运转性能的影响。

(3) 比较不同轴承润滑形式、轴承盖密封形式的适用场合。

(4) 编写实验报告。

(三) 实验设备及工具

1. 轴系结构设计实验箱

外形尺寸 580mm×360mm×120mm，总质量 20kg，箱内有 56 种 168 件轴系零部件（见零部件明细表），可以组合出 7 类轴系结构方案。实验箱零件材料为铝合金，经精密加工，技术质量优良。挡油环、甩油环、调整环、套筒均为金属标准件。配置有齿轮轴、蜗杆轴等轴类零件；齿轮等轴上零件；滚动轴承类、轴套类、密封类、端盖类零件；连接件、支承座类零件等 56 种 168 件零件见表 4-2。

2. 装配工具

实验箱配套工具，包括双头扳手 12mm×14mm 及 10mm×12mm、挡圈钳、三吋螺丝刀等，详细信息见表 4-3。

3. 其他工具

300mm 钢板尺、200mm 游标卡尺、内外卡钳、铅笔、三角板等。

表 4-2　轴系结构设计实验箱中零件列表

序号	零件名称	件数	图片
1	直齿轮轴用支座（油用）	2件	
2	直齿轮轴用支座（脂用）	2件	
3	蜗杆轴用支座	1件	
4	锥齿轮轴用支座	1件	
5	锥齿轮轴用套环	2件	
6	蜗杆用套环	1件	

续表 4-2

序号	零件名称	件数	图片
7	组装底座	2 件	
8	大直齿轮	1 件	
9	大斜齿轮	1 件	
10	小直齿轮	1 件	
11	小斜齿轮	1 件	
12	小锥齿轮	1 件	

续表 4-2

序号	零 件 名 称	件数	图片
13	大直齿轮用轴	1件	
14	小直齿轮用轴	1件	
15	两端固定用蜗杆	1件	
16	固游式用蜗杆	1件	
17	锥齿轮用轴	1件	
18	锥齿轮轴	1件	
19	大凸缘式透盖	1件	
20	大凸缘式闷盖	1件	
21	凸缘式透盖(脂用)	1件	

续表 4-2

序号	零件名称	件数	图片
22	凸缘式闷盖（脂用）	1件	
23	凸缘式透盖（油用）	4件	
24	凸缘式闷盖（油用）	1件	
25	凸缘式透盖（迷宫）	1件	
26	迷宫式轴套	1件	
27	嵌入式透盖	2件	
28	嵌入式闷盖	1件	

续表 4-2

序号	零件名称	件数	图片
29	联轴器 A	1 件	
30	联轴器 B	1 件	
31	无骨架油封压盖	1 件	
32	轴承 6206	2 件	
33	轴承 30206	2 件	
34	轴承 N206	2 件	
35	轴承 7206AC	2 件	

续表 4-2

序号	零 件 名 称	件数	图片
36	键 10mm×28mm	4 件	
37	键 8mm×20mm	4 件	
38	圆螺母 M30mm×1.5mm	2 件	
39	圆螺母止动圈 φ30	2 件	
40	骨架油封	2 件	
41	轴用弹性卡环 φ30	2 件	
42	无骨架油封	1 件	

续表 4-2

序号	零 件 名 称	件数	图片
43	M8mm×15mm	5 件	
44	M8mm×25mm	6 件	
45	M6mm×20mm	10 件	
46	M6mm×30mm	5 件	
47	M5mm×10mm	5 件	
48	φ6 垫圈	10 件	
49	φ5 垫圈	6 件	
50	羊毛毡圈 φ30	3	

续表 4-2

序号	零件名称	件数	图片
51	挡油环	4 件	
52	甩油环	6 件	
53	调整环	2 件	
54	套筒	24 件	
55	调整垫片	16 件	
56	轴端压板	4 件	

表 4-3　轴系结构设计箱配置工具清单

1	14mm×12mm 双头扳手	1 把
2	3 吋螺丝刀	1 把
3	10mm×12mm 双头扳手	1 把
4	挡圈钳	1 把

（四）实验步骤

（1）复习有关轴的结构设计与轴承组合设计的教材内容，预习实验指导书，明确实验内容与要求。

（2）参照"轴系结构设计方案选择表"，构思、选定轴系结构方案。

①根据齿轮（或蜗杆）类型，确定轴上有无轴向力，选择支承轴系的滚动轴承类型；

②确定轴系支承的轴向固定方式（双支点单向固定、单支点双向固定）及轴承的正、反装方式；

③根据齿轮圆周速度确定轴承的润滑方式（油润滑、脂润滑）及油环的种类；

④选择端盖形式（凸缘式、嵌入式）并考虑透盖处的密封方式（毡圈式、皮碗式、间隙式、迷宫式）、轴的支座及套杯形式；

⑤考虑轴上零件的定位和固定、轴承间隙调整、联轴器类型等问题；

⑥绘制轴系结构设计方案示意图。

（3）安装顺序（注：只提供必做实验安装顺序）。

Ⅰ类轴系安装顺序如下：

①把组装底座 7 放置在利于安装的位置；

②选择齿轮轴用支座 1 装入组装底座 7；

③选择大直齿轮用轴 13 或小直齿轮用轴 14；

④把圆头普通平键 36 嵌入选择的轴；

⑤把大直齿轮 8 或小直齿轮 10 对准键装入轴的轴肩定位处；

⑥选择合适的套筒 54 套入轴两端；

第四章　综合性实验

⑦装入挡油环51或甩油环52或无挡油环(选择无挡油环时,需选择合适的套筒54调整安装距离);

⑧装入深沟球轴承32到轴两端,如果选择嵌入式端盖,则需把嵌入式透盖27装入轴(选择的是羊毛毡密封的嵌入式透盖需先把羊毛毡圈50装入透盖,再把透盖装入轴);

⑨把③~⑧步骤所安装轴系装入支座;

⑩按需要装入调整环53,选择凸缘式端盖21或22或23或24或嵌入式端盖27或28;

⑪按所选端盖选择适当的密封件,如骨架油封40、无骨架油封42、羊毛毡圈50;

⑫把选择好的调整垫片55、端盖和密封件装入支座两端;

⑬调整支座距离,用螺钉45和垫圈48固定支座和端盖,如选择无骨架油封,则需安装无骨架油封压盖31,用螺钉47和垫圈49固定;

⑭在轴输出端嵌入圆头普通平键37;

⑮装入联轴器A29或联轴器B30(选择联轴器A,还需用轴端压板56和螺钉45固定);

⑯根据轴系结构设计方案示意图,在实验箱中选取需用零件组装成轴系,检查所设计组装的轴系结构是否正确;

⑰绘制轴系结构草图;

⑱测量零件结构尺寸,并做好记录;

⑲拆卸轴系,将所有零件放入实验箱内规定位置,交还所借工具;

⑳根据轴系结构草图及测量数据,在3号图纸上用1∶1比例绘制轴系结构装配图,要求装配关系表示正确,注明必要的尺寸(如支承的跨距、齿轮直径与宽度、主要配合尺寸等),填写标题栏和明细表;

㉑编写实验报告。

Ⅱ类轴系安装顺序如下:

①把组装底座7放置在利于安装的位置;

②选择齿轮轴用支座1装入组装底座7;

③选择大直齿轮用轴13或小直齿轮用轴14;

④把圆头普通平键36嵌入选择的轴;

⑤把大斜齿轮9或小斜齿轮11对准键装入轴的轴肩定位处;

⑥选择合适的套筒54套入轴两端;

⑦装入挡油环51或甩油环52或无挡油环(选择无挡油环时,需选择合适的套筒54调整安装距离);

⑧装入角接触球轴承35到轴两端,如果选择嵌入式端盖,则需把嵌入式透盖27装入轴(选择的是羊毛毡密封的嵌入式透盖需先把羊毛毡圈50装入透盖,再把透盖装入轴);

⑨把③~⑧步骤所安装轴系装入支座;

⑩按需要装入调整环53,选择凸缘式端盖21或22或23或24或嵌入式端盖27或28;

⑪按所选端盖选择适当的密封件,如骨架油封40、无骨架油封42、羊毛毡圈50;

⑫把选择好的调整垫片55、端盖和密封件装入支座两端;

⑬调整支座距离,用螺钉45和垫圈48固定支座和端盖,选择无骨架油封的需安装无骨

架油封压盖 31，用螺钉 47 和垫圈 49 固定；

⑭在轴输出端嵌入圆头普通平键 37；

⑮装入联轴器 A29 或联轴器 B30（选择联轴器 A，还需用轴端压板 56 和螺钉 45 固定）；

⑯根据轴系结构设计方案示意图，在实验箱中选取需用零件组装成轴系，检查所设计组装的轴系结构是否正确；

⑰绘制轴系结构草图；

⑱测量零件结构尺寸，并做好记录；

⑲拆卸轴系，将所有零件放入实验箱内规定位置，交还所借工具；

⑳根据轴系结构草图及测量数据，在 3 号图纸上用 1∶1 比例绘制轴系结构装配图，要求装配关系表示正确，注明必要的尺寸（如支承的跨距、齿轮直径与宽度、主要配合尺寸等），填写标题栏和明细表；

㉑编写实验报告。

Ⅲ类轴系安装顺序如下：

①把组装底座 7 放置在利于安装的位置；

②选择齿轮轴用支座 1 装入组装底座 7；

③选择大直齿轮用轴 13 或小直齿轮用轴 14；

④把圆头普通平键 36 嵌入选择的轴；

⑤把大斜齿轮 9 或小斜齿轮 11 对准键装入轴的轴肩定位处；

⑥选择合适的套筒 54 套入轴两端；

⑦装入挡油环 51 或甩油环 52 或无挡油环（选择无挡油环时，需选择合适的套筒 54 调整安装距离；

⑧装入圆锥滚子轴承 33 到轴两端，如果选择嵌入式端盖，则需把嵌入式透盖 27 装入轴（选择的是羊毛毡密封的嵌入式透盖需先把羊毛毡圈 50 装入透盖，再把透盖装入轴）；

⑨把③～⑧步骤所安装轴系装入支座；

⑩按需要装入调整环 53，选择凸缘式端盖 21 或 22 或 23 或 24 或嵌入式端盖 27 或 28；

⑪按所选端盖选择适当的密封件，如骨架油封 40、无骨架油封 42、羊毛毡圈 50；

⑫把选择好的调整垫片 55、端盖和密封件装入支座两端；

⑬调整支座距离，用螺钉 45 和垫圈 48 固定支座和端盖，选择无骨架油封的需安装无骨架油封压盖 31，用螺钉 47 和垫圈 49 固定；

⑭在轴输出端嵌入圆头普通平键 37；

⑮装入联轴器 A29 或联轴器 B30（选择联轴器 A，还需用轴端压板 56 和螺钉 45 固定）；

⑯根据轴系结构设计方案示意图，在实验箱中选取需用零件组装成轴系，检查所设计组装的轴系结构是否正确；

⑰绘制轴系结构草图；

⑱测量零件结构尺寸，并做好记录；

⑲拆卸轴系，将所有零件放入实验箱内规定位置，交还所借工具；

⑳根据轴系结构草图及测量数据，在 3 号图纸上用 1∶1 比例绘制轴系结构装配图，要求

装配关系表示正确,注明必要的尺寸(如支承的跨距、齿轮直径与宽度、主要配合尺寸等),填写标题栏和明细表;

㉑编写实验报告。

Ⅳ类轴系安装顺序如下：

①把锥齿轮轴用支座 4 放置在利于安装的位置;

②选择锥齿轮轴用套杯 5 和调整垫片 55 装入锥齿轮轴用支座 4;

③选择锥齿轮用轴 17 或锥齿轮轴 18;

④选择圆锥滚子轴承 33 和合适的套筒 54;

⑤选择锥齿轮用轴 17 时,先把轴承装入轴(轴承需正装),然后再把所装轴系从套杯大口端放入套杯;选择锥齿轮轴 18 时,先把轴从套杯小口端放入套杯,然后在轴上输出端依次装入圆锥滚子轴承—套筒—圆锥滚子轴承—圆螺母止动圈 39—圆螺母 38;

⑥按需要装入调整环 53,如果前面选择锥齿轮用轴,则选择大凸缘式透盖 19 和羊毛毡圈 50;

⑦把选择好的调整垫片 55 和端盖组合装入轴;

⑧用螺钉 46 和垫圈 48 固定支座和端盖;

⑨在轴输出端嵌入圆头普通平键 37;

⑩装入联轴器 A29 或联轴器 B30(择联轴器 A,还需用轴端压板 56 和螺钉 45 固定),选择锥齿轮用轴 17 还需在输入端先装入挡油环 51、无挡油环或甩油环 52,然后嵌入圆头普通平键 37,再装入小锥齿轮 12,用轴端压板 56 和螺钉 45 固定;

⑪根据轴系结构设计方案示意图,在实验箱中选取需用零件组装成轴系,检查所设计组装的轴系结构是否正确;

⑫绘制轴系结构草图;

⑬测量零件结构尺寸,并做好记录;

⑭拆卸轴系,将所有零件放入实验箱内规定位置,交还所借工具;

⑮根据轴系结构草图及测量数据,在 3 号图纸上用 1∶1 比例绘制轴系结构装配图,要求装配关系表示正确,注明必要的尺寸(如支承的跨距、齿轮直径与宽度、主要配合尺寸等),填写标题栏和明细表;

⑯编写实验报告。

Ⅴ类轴系安装顺序如下：

①把锥齿轮轴用支座 4 放置在利于安装的位置;

②选择锥齿轮轴用套杯 5 调整垫片 55 装入锥齿轮轴用支座 4;

③选择锥齿轮用轴 17 或锥齿轮轴 18;

④选择圆锥滚子轴承 33;

⑤选择锥齿轮用轴 17 时,先把轴装入套杯(轴承需反装),然后再把轴承从套杯两端装入到轴上;选择锥齿轮轴 18 时,先把轴承放入套杯,然后把轴上装入圆锥滚子轴承,再装上圆螺母止动圈 39 和圆螺母 38 固定圆锥滚子轴承;

⑥按需要装入调整环 53,如果前面选择锥齿轮用轴,则选择大凸缘式透盖 19 和羊毛毡圈 50;

⑦把选择好的调整垫片 55 和端盖组合装入轴；

⑧用螺钉 46 和垫圈 48 固定支座和端盖；

⑨在轴输出端嵌入圆头普通平键 37；

⑩装入联轴器 A29 或联轴器 B30(择联轴器 A,还需用轴端压板 56 和螺钉 45 固定)，选择锥齿轮用轴 17 还需在输入端先装入挡油环 51、无挡油环或甩油环 52，然后嵌入圆头普通平键 37，再装入小锥齿轮 12，用轴端压板 56 和螺钉 45 固定；

⑪根据轴系结构设计方案示意图,在实验箱中选取需用零件组装成轴系,检查所设计组装的轴系结构是否正确；

⑫绘制轴系结构草图；

⑬测量零件结构尺寸，并做好记录；

⑭拆卸轴系,将所有零件放入实验箱内规定位置,交还所借工具；

⑮根据轴系结构草图及测量数据,在 3 号图纸上用 1∶1 比例绘制轴系结构装配图,要求装配关系表示正确,注明必要的尺寸(如支承的跨距、齿轮直径与宽度、主要配合尺寸等),填写标题栏和明细表；

⑯编写实验报告。

Ⅵ类轴系安装顺序如下：

①把组装底座 7 放置在利于安装的位置；

②选择直齿轮轴用支座装入组装底座 7 或蜗杆轴用支座 3；

③选择两端固定用蜗杆 15；

④装入挡油环 51 或甩油环 52 或无挡油环(选择无挡油环时,需选择合适的套筒 54 调整安装距离；

⑤选择合适的套筒 54 套入轴两端；

⑥装入角接触球轴承 35 或圆锥滚子轴承 33,如果选择嵌入式端盖,则需把嵌入式透盖 27 装入轴(选择的是羊毛毡密封的嵌入式透盖需先把羊毛毡圈 50 装入透盖,再把透盖装入轴)；

⑦把④~⑥步骤所安装轴系装入支座；

⑧按需要装入调整环 53,选择凸缘式端盖 21 或 22 或 23 或 24 或嵌入式闷盖 28,当前面选择了蜗杆轴用支座 3,则选择大凸缘式透盖 19 和羊毛毡圈 50；

⑨按所选端盖选择适当的密封件,如骨架油封 40、无骨架油封 42、羊毛毡圈 50；

⑩把选择好的调整垫片 55、端盖组合和密封件装入支座两端；

⑪调整支座距离,用螺钉 45 和垫圈 48 固定支座和端盖,选择无骨架油封的需安装无骨架油封压盖 31,用螺钉 47 和垫圈 49 固定；

⑫在轴输出端嵌入圆头普通平键 37；

⑬装入联轴器 A29 或联轴器 B30(择联轴器 A,还需用轴端压板 56 和螺钉 45 固定)；

⑭根据轴系结构设计方案示意图,在实验箱中选取需用零件组装成轴系,检查所设计组装的轴系结构是否正确；

⑮绘制轴系结构草图；

⑯测量零件结构尺寸,并做好记录；

⑰拆卸轴系,将所有零件放入实验箱内规定位置,交还所借工具;

⑱根据轴系结构草图及测量数据,在3号图纸上用1∶1比例绘制轴系结构装配图,要求装配关系表示正确,注明必要的尺寸(如支承的跨距、齿轮直径与宽度、主要配合尺寸等),填写标题栏和明细表;

⑲编写实验报告。

Ⅶ类轴系安装顺序如下:

①把组装底座7放置在利于安装的位置;

②把蜗杆轴用支座3和直齿轮轴用支座装入组装底座7;

③把蜗杆用套杯6和调整垫片55装入蜗杆轴用支座;

④选择固游式用蜗杆16;

⑤装入挡油环51或甩油环52或无挡油环(选择无挡油环时,需选择合适的套筒54调整安装距离);

⑥在轴的输出端一边装入深沟球轴承32或圆柱滚子轴承34,用轴用弹性卡环41固定,如果选择嵌入式端盖,则需把嵌入式透盖27装入轴(选择的是羊毛毡密封的嵌入式透盖需先把羊毛毡圈50装入透盖,再把透盖装入轴);

⑦把③～⑤步骤所安装轴系装入支座;

⑧在轴的另一端装入一对正装角接触球轴承35,两轴承中间用套筒54隔开,然后用圆螺母止动圈39和圆螺母38固定;

⑨按需要装入调整环53,选择凸缘式透盖21或23或嵌入式透盖27与凸缘式闷盖22组合;

⑩按所选端盖选择适当的密封件,如骨架油封40、无骨架油封42、羊毛毡圈50;

⑪把选择好的调整垫片55、端盖组合和密封件装入支座两端;

⑫调整支座距离,用螺钉45和垫圈48固定支座和端盖,选择无骨架油封的需安装无骨架油封压盖31,用螺钉47和垫圈49固定;

⑬在轴输出端嵌入圆头普通平键37;

⑭装入联轴器A29或联轴器B30(选择联轴器A,还需用轴端压板56和螺钉44固定);

⑮根据轴系结构设计方案示意图,在实验箱中选取需用零件组装成轴系,检查所设计组装的轴系结构是否正确。

⑯绘制轴系结构草图。

⑰测量零件结构尺寸,并做好记录。

⑱拆卸轴系,将所有零件放入实验箱内规定位置,交还所借工具。

⑲根据轴系结构草图及测量数据,在3号图纸上用1∶1比例绘制轴系结构装配图,要求装配关系表示正确,注明必要的尺寸(如支承的跨距、齿轮直径与宽度、主要配合尺寸等),填写标题栏和明细表。

⑳编写实验报告。

(五)实验报告

(1)绘制双支点各单向固定的轴系结构装配图。

(2)绘制一支点双向固定、一支点游动的轴系结构装配图。

第二节 机械传动系统搭接及性能测试综合实验

机械传动装置是大多数机器的主要组成部分,它的功用是将机器的原动机和工作机连接起来,传递动力或改变运动状态。机器的工作性能和运转费用在很大程度上取决于传动装置的优劣。

常见的机械传动形式有带传动、链传动、齿轮运动、蜗杆传动、螺旋传动等。各种传动形式有自己的特点和适用场合。根据机器的功能要求,为实现功能/成本的优化,常采用多种传动方式形成传动系统。设计传动系统时应遵循下列一般准则:
(1)采用尽可能短的运动链。
(2)优先选用常见传动形式。
(3)应使系统具有较高的传动效率。
(4)合理安排不同传动类型的顺序。
(5)合理分配传动比。

"机械传动系统搭接及性能测试综合实验"通过设计、组装单级或多级的机械传动装置,综合测试其传动性能参数(如传动比、转速、转矩、功率等),并绘制效率曲线,进行各种不同传动系统的性能对比,从而深入理解机械传动的性能特点。

(一)实验目的

(1)通过测试机械传动装置的动力参数曲线,加深对常见机械传动性能的认识和理解;掌握合理设计机械传动系统的基本要求。
(2)学习进行速度、转矩等实验数据的测试原理和采集、处理的方法。
(3)培养进行综合性、设计性与创新性实验的实践能力。

(二)实验设备及原理

本实验台由机械传动装置、联轴器、动力输出装置、加载装置、控制及测试软件、PLC(CPU224XP)等组成,其工作原理系统如图4-8所示。

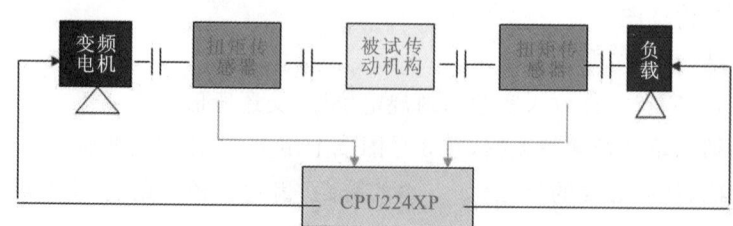

图4-8 工作原理系统图

实验台采用模块化结构,含"V"形带传动、同步带传动、链传动、齿轮传动、蜗轮蜗杆传动、摆线针轮传动等多种传动装置。可选择不同传动部件进行组合搭配,通过相应的支承连接,构成单级或两级组合机械传动性能综合测试实验台。

实验台由变频电机作为动力输出装置,磁粉制动器作为工作负载。输入输出端的扭矩、转速由扭矩传感器测定后将信号传入 PLC 处理。同时实验台面板配备人机界面,可以便捷地控制及显示实验数据。

1. 实验台的主要技术参数

(1)变频电机功率 0.75kW;范围 5~100Hz;同步转速 1480r/min,输入电压 380V。

(2)ZJ20 型转矩转速传感器规格 20N·m,输出信号幅度不小于 100mV,转速 0~6000r/min。

(3)ZJ100 型转矩转速传感器规格 100N·m,输出信号幅度不小于 100mV;转速 0~5000r/min。

(4)磁粉制动器额定转矩 50N·m,允许滑差率 1.1kW。

(5)实验台外形尺寸 1250 mm×800 mm×1200 mm;实验台质量 360kg。

2. 维护和保养

(1)实验台应安装在环境清洁、干燥、无震动、无磁场干扰、无腐蚀气体、无动力源的实验室内。环境温度为-2~30℃,相对湿度≤85%。

(2)应注意对没有法兰、喷漆的加工表面擦拭涂油,不用时注意防止灰尘等侵入。

(3)应定期检查各类减速器润滑油的分量和质量,及时更换添加润滑油或更换混入杂质、变质的润滑油。

(4)传感器本身是一台精密仪器,严禁手握轴头搬运(对小规格尤其注意),严禁在地上拖拉;安装联轴器时严禁用铁质榔头敲打。

(5)磁粉制动器如长期不用,则应当存放在通风干燥处,存放一年以上的产品建议进行一次全面的保养;如长期工作,发现转矩下降到不能正常工作,建议更换新磁粉。

(6)实验台不工作时应切断电源。

(三)实验内容

自行设计机械传动系统。进行带传动、链传动、齿轮传动、蜗杆传动及其组合传动系统等单级或多级传动系统计及搭接实验,通过实验数据的采集分析,对传动系统的运动平稳性、效率、传力性能进行评价。

1. 单级机械传动装配实训及性能测试

分别选择带传动、链传动、齿轮传动、蜗杆传动等典型传动部件为被测试件进行实物装配调整及传动性能测试,分析数据,评估各种类型传动系统的运动平稳性、传力性能和效率。

①"V"形带传动实验;②同步带传动实验;③链传动实验;④齿轮传动实验;⑤蜗轮蜗杆传动实验;⑥摆线针轮传动实验。

2. 多级机械传动系统设计及装配实训及性能测试

将典型机械传动按一定的设计思路进行组合(可达数十种组合),从传动装置功能出发进行传动方案设计,并进行实物装配调整及传动性能测试。分析数据,评估各种设计方案的运动平稳性、传力性能和效率。以下列举了几种多级传动系统方案。

(1)"V"形带-齿轮、齿轮-"V"形带组合实验。
(2)同步带-齿轮、齿轮-同步带组合实验。
(3)链-齿轮、齿轮-链组合实验。
(4)"V"形带-链、链-"V"形带组合实验。
(5)同步带-链、链-同步带组合实验。
(6)"V"形带-蜗轮蜗杆、蜗轮蜗杆-"V"形带组合实验。
(7)同步带-蜗轮蜗杆、蜗轮蜗杆-同步带组合实验。
(8)链-蜗轮蜗杆、蜗轮蜗杆-链组合实验。
(9)"V"形带-摆线针轮、摆线针轮-"V"形带组合实验。
(10)同步带-摆线针轮及摆线针轮-同步带组合实验。
(11)链-摆线针轮及摆线针轮-链组合实验。

3. 机械传动方案优化设计性实验

对同一个功能要求,设计出多种机械传动方案,对各传动方案进行实际装配并测试其性能参数后做出比较,以确定各方案的优劣,从而培养学生在实际工程设计中采用最优化方案的理念。

(四)实验步骤

1. 实验准备工作

(1)应严格遵守实验室规章制度,服从指导老师的安排。
(2)布置、安装被测机械传动装置(系统)。注意选用合适的调整垫块,确保传动轴之间的同轴度要求。
(3)检查电源线、电机线、风机线、磁粉制动器线、输入/输出传感器线和黄色的PLC通信线是否正常连接,确保各线都连接正常。
(4)检查联轴器上的紧定螺钉是否松动,如有松动用合适的内六角扳手将其拧紧。
(5)检查底座螺栓是否松动,如有松动用扳手将其拧紧。

2. 实验流程

(1)在控制面板上打开电源开关,打开测试电脑找到测试软件,点击进入。
(2)点击"进入系统",如图4-8所示。
(3)在学号栏输入"学号"等信息,点击"注册信息",然后点击"用户登录",如图4-9所示。
(4)选择实验类型,如图4-10所示。

第四章 综合性实验

图 4-8 机械传动性能综合测试实验首页界面

图 4-9 登录界面

图 4-10 实验类型选择界面

①在实验类型选择中选择实验 A（典型机械传动装置性能测试实验）时，可选择"V"形带传动、同步带传动、套筒滚子链传动、圆柱齿轮减速器、蜗杆减速器；

②选择实验 B（组合传动系统布置优化实验）时，则要确定选用的典型机械传动装置及其组合布置方案，如表 4-4 所示；

表 4-4　典型机械传动装置及其组合布置方案

编号	组合布置方案①	组合布置方案②
实验内容 B1	"V"形带传动-齿轮减速器	齿轮减速器-"V"形带传动
实验内容 B2	同步带传动-齿轮减速器	齿轮减速器-同步带传动
实验内容 B3	链传动-齿轮减速器	齿轮减速器-链传动
实验内容 B4	带传动-蜗杆减速器	蜗杆减速器-带传动
实验内容 B5	链传动-蜗杆减速器	蜗杆减速器-链传动
实验内容 B6	"V"形带传动-链传动	链传动-"V"形带传动
实验内容 B7	"V"形带传动-摆线针轮减速器	摆线针轮减速器-"V"形带传动
实验内容 B8	链传动-摆线针轮减速器	摆线针轮减速器-链传动

③选择实验 C（新型机械传动性能测试实验）时，为摆线针轮减速器传动。

(5)3 项选择完成后点击"确认"进入测试界面，如图 4-11 所示。

图 4-11　实验测试界面

(6)设置通信串口（注意：PLC 黄色通信线必须连接正常）。

a)查找串口

①在测试电脑桌面找到 ，点击鼠标右键；

②选择"管理(G)",如图 4-12 所示;

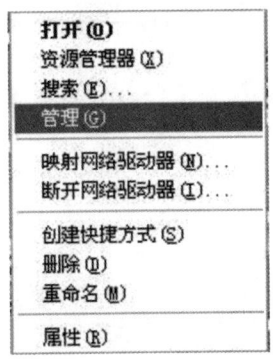

图 4-12 "管理(G)"选择界面

③选择"设备管理器",在设备管理器中找到"端口"项展开,观察 USB – SERIAL CH340 (COM3)中( )内为 COM3,那么设备的串口就为 COM3,如图 4-13 所示。

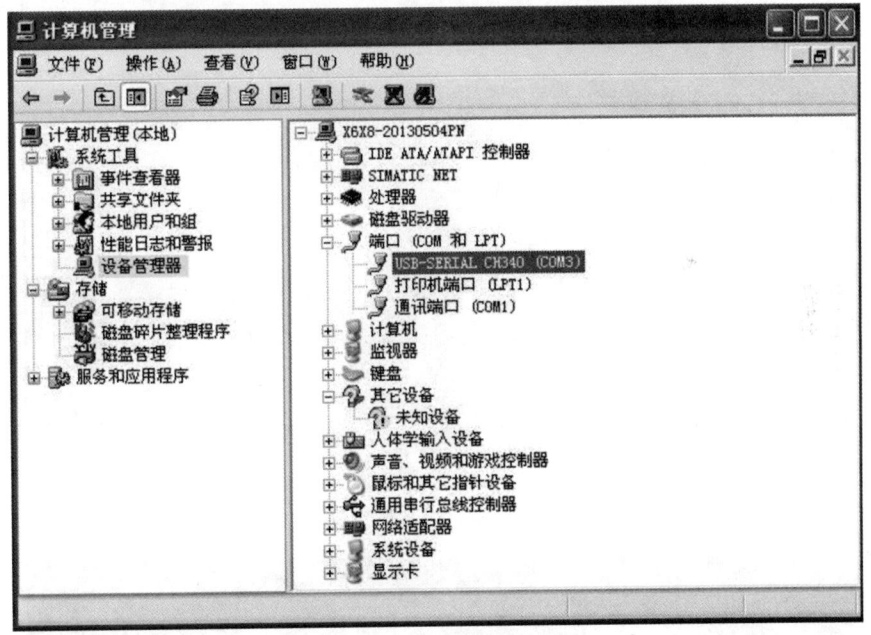

图 4-13 串口号查找界面

b)串口设置

①回到测试软件中;

② 找到"设置(S)"中的"串口参数(Q)"点击选择,如图 4-14 所示;

③在串口参数中选择先前查找到的串口 COM3,串口波特率为 9600,单击"确定"完成串口设置,如图 4-15 所示。

(7)串口设置完成后,观察输入输出数据是否在零位,如不为零,须对测试设备进行调零。点击如图 4-16 所示测试软件界面左下方的"输入扭矩传感器标零""输出扭矩传感器标零",将设备标零。务必注意,标零时电机必须在停止状态。

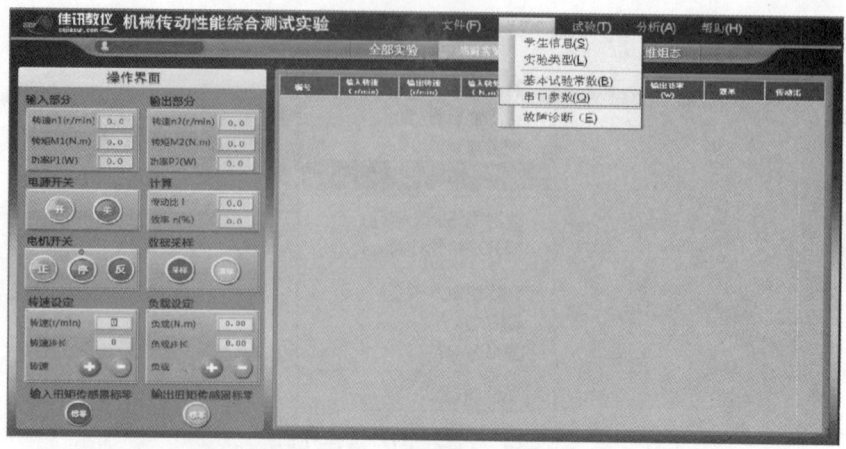

图 4-14 串口参数设置界面

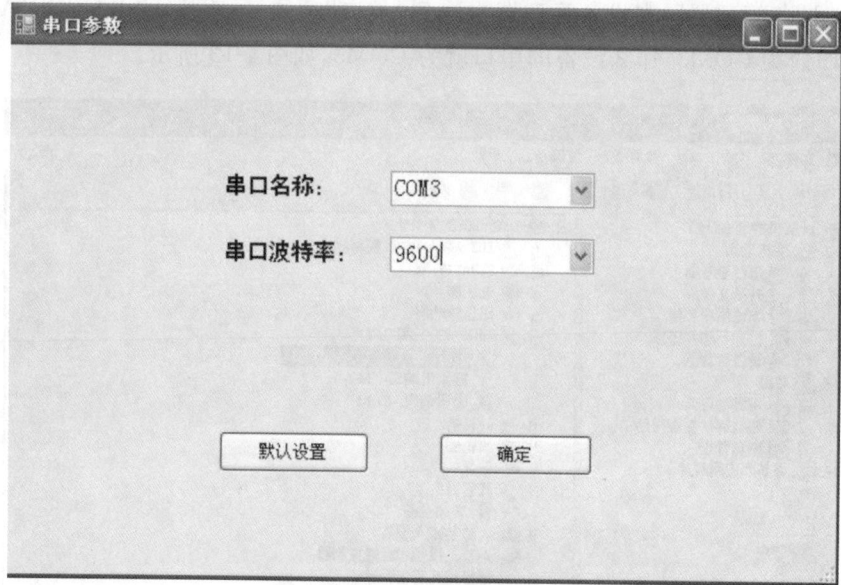

图 4-15 串口设置确认界面

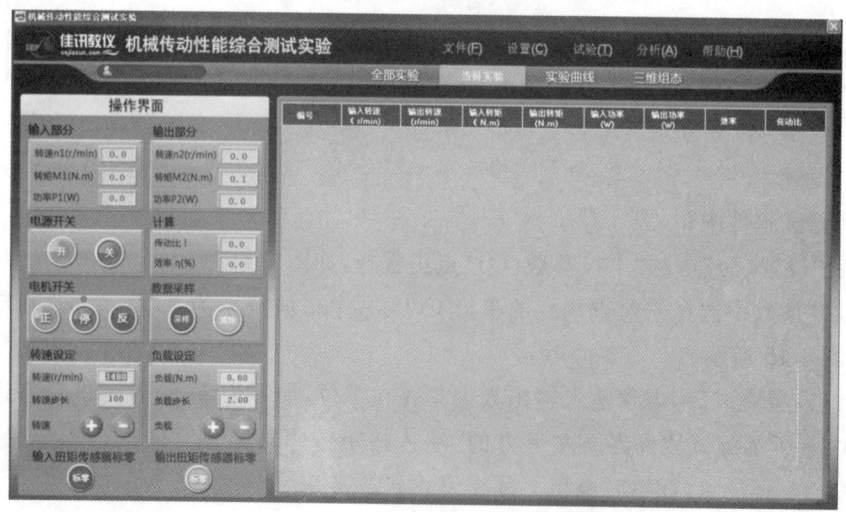

图 4-16 测试界面

(8)在测试软件界面打开"电源开关",等待 5~10s 后再打开"电机开关",使电机正转或反转。

(9)在转速设置栏里可以设置不同转速,如图 4-17 所示。一般转速设定在 1000~1400r/min。

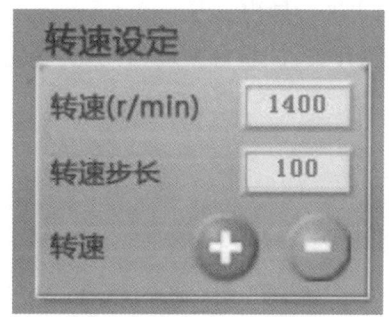

图 4-17 转速设置栏

(10)当输入转速稳定在设定值后,如图 4-18 所示,在零负载时点击采样栏的"采样"按钮对数据进行一次采样;如要清除采样数据点击"清除",将删除所有采样数据。

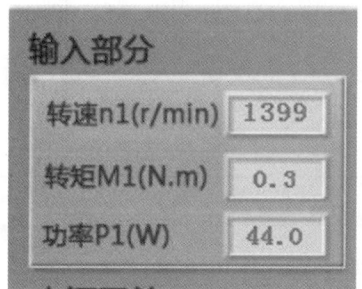 

图 4-18 数据采样界面

(11)采样完成后通过加载栏"+""-"来增减负载(图 4-19),通过分级加载、分级采样,采集 10 组左右数据;操作者可通过输出栏的输出扭矩来判断加载值达到与否。待数据显示稳定后,即可进行数据采样。

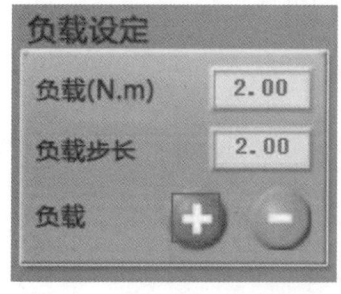 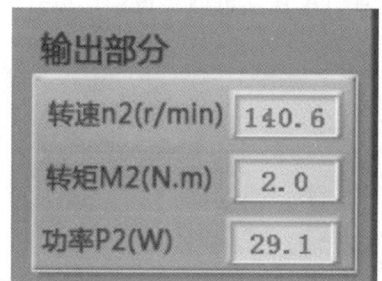

图 4-19 负载设定与输出数据

(12)所有数据采样完成后,先将负载卸掉,再停止电机,待电机完全停止后,在测试软件界面关掉"电源开关"。

(13)数据记录。

①在测试软件主界面选择"当前实验"查看采集的几组数据;

②在测试软件主界面选择"实验曲线"查看实验曲线;

③在测试软件主界面选择"分析",点击"实验报告",将自动生成实验报告,在 Excel、PDF、Word 中选择任意一种形式进行导出。

(14)在控制面板上关闭电源开关,试验台整理归位,实验完成。

(五)实验报告

(1)绘制传动系统简图。

(2)记录测试数据,并计算传动效率。

表 4-5　测试数据记录表

次数	输入			输出			效率 (%)
	转速 n_i (r/min)	转矩 T_i (N·m)	功率 P_i (kW)	转速 n_o (r/min)	转矩 T_o (N·m)	功率 P_o (kW)	
1							
2							
3							
4							
5							
6							
⋮							

(六)思考题

(1)对于含多种传动类型的传动系统,应如何合理安排传动件的顺序?

(2)如何合理分配传动链的总传动比给各级传动机构?

主要参考文献

卜炎,1993.螺纹联接设计与计算[M].北京:高等教育出版社.
岑军键,赵菊初,南文海,等,1980.非标准机械设计手册[M].北京:国防工业出版社.
成大先,2016.机械设计手册[M].6版.北京:化学工业出版社.
齿轮手册编委会,2000.齿轮手册[M].2版.北京:机械工业出版社.
机械设计手册编委会,2017.机械设计手册:滑动轴承[M].北京:机械工业出版社.
刘莹,邵天敏,2006.机械基础实验技术[M].北京:清华大学出版社.
濮良贵,陈国定,吴立言,2019.机械设计[M].10版.北京:高等教育出版社.
濮良贵,陈国定,吴立言,等,2024.机械设计[M].11版.北京:高等教育出版社.
秦大同,谢里阳,2011.现代机械设计手册[M].北京:化学工业出版社.
全国齿轮标准化技术委员会,2012.零部件及相关标准汇编:齿轮与齿轮传动卷[M].北京:中国标准出版社.
全国链传动标准化技术委员会,1989.零部件及相关标准汇编:链传动卷[M].北京:中国标准出版社.
舒荣福,王秀凤,1997.矩形钢丝圆柱螺旋弹簧的简化设计法[J].机械科学与技术,16(2):245-248.
唐增宝,常建娥,2021.机械设计课程设计[M].5版.武汉:华中科技大学出版社.
涂铭旌,鄢文彬,1993.机械零件的失效分析与预防[M].北京:高等教育出版社.
王振华,1991.实用轴承手册[M].上海:上海科学技术文献出版社.
吴宗泽,2006.机械结构设计准则与实例[M].北京:机械工业出版社.
吴宗泽,罗圣国,高志,等,2018.机械设计课程设计手册[M].5版.北京:高等教育出版社.
徐灏,2001.机械设计手册[M].2版.北京:机械工业出版社.
杨昂岳,毛笠泓,夏宏玉,2009.实用机械原理与机械设计实验技术[M].长沙:国防科技大学出版社.
余俊,1993.滚动轴承计算:额定负荷、当量负荷及寿命[M].北京:高等教育出版社.
张鹏顺,陆思聪,1995.弹性流体动力润滑及其应用[M].北京:高等教育出版社.
中国机械工程学会带传动技术委员会,1989.中国机械工业标准汇编:传动卷[M].北京:中国标准出版社.
周开勤,1994.机械零件手册[M].4版.北京:高等教育出版社.